明明白白放心蛋

——从养殖场到餐桌全链条

全国畜牧总站 编

中国农业出版社
北 京

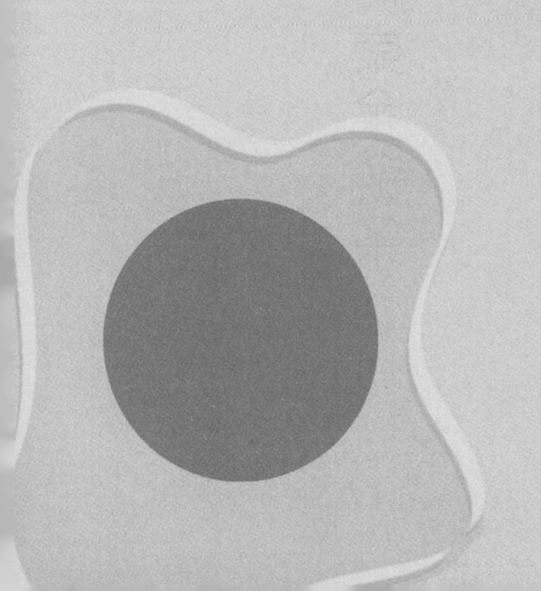

编写组

主　编：于福清

副主编：祝庆科　李竞前　韩　旭

编写人员（按姓氏笔画排序）：

于福清　马　猛　王忠强　史建民　宁　炜

曲　亮　刘　刚　刘旭明　齐海龙　闫奎友

关　龙　许海涛　孙研研　李云雷　李红烨

李国彬　李竞前　何珊珊　余立扬　张弘毅

张院萍　陆　健　陈　宁　武书庚　周希梅

周荣柱　郑江霞　祝庆科　贾　帅　唐振闯

曹　烨　常玲玲　商润阳　隋鹤鸣　韩　旭

程文强　廖新炜

主　审：杨　宁　陈继兰

序言

鸡蛋是自然界中最接近完美的全营养食物之一，被誉为人类“最佳养脑食物”。吃鸡蛋有四大好处：①补充优质蛋白质；②健脑益智；③预防心血管疾病；④有利于控制体重。俗话说无蛋不成肴，禽蛋是好，但好食材也需要科学的认知、健康的消费、美味的激发和文化的传承。特别是在当下老百姓高度关注食品安全的时代，普及科学消费尤为重要。近年来，蛋品消费安全颇受关注，每一次蛋品安全事件的曝光，如苏丹红鸭蛋、乒乓球鸡蛋、土鸡蛋事件和鸡蛋药物残留等，都触动着老百姓的敏感神经，挑战着消费者的心理底线。

为积极引导蛋品科学消费，在深入开展消费问卷调查和征询业内意见的基础上，全国畜牧总站邀请中国农业科学院北京畜牧兽医研究所、中国农业大学、江苏省家禽科学研究所等院校专家学者，以及正大集团、北京德青源农业科技股份有限公司、北京首农食品集团华都峪口禽业有限公司、湖北神丹健康食品有限公司等主要禽蛋企业的一线人员，共同编写了这本册子。

本书立足公益科普宣传，以鸡蛋消费为主，同时还收集了其他禽蛋内容。书中部分精美图片和创作灵感来自以上科研院所和企业，在此一并表示感谢。所有参编人员不忘初心、牢记使命，以对消费者负责、对行业负责的态度，去伪存真、求真务实，力求尽善尽美。但限于专业水平和资料条件，疏漏之处在所难免，敬请读者不吝指正和赐教。

编　者

2021年6月

目 录

第二部分　认认真真了解蛋

第三部分　清清楚楚消费蛋

第四部分　蛋品美味

第五部分　蛋话乾坤

附　录

第一部分　明明白白认识蛋

如果要评选最受欢迎的大众食物，鸡蛋不一定榜上有名，但要问大家最离不开哪种食物，那鸡蛋一定会名列前茅。的确，牛奶或许可以用米粥、豆浆来替代，可鸡蛋在老百姓餐桌的地位和作用是无可取代的。鸡蛋是自然界中最接近完美的全营养食物之一，被誉为人类“最佳养脑食物”，其营养丰富，适宜多种烹饪方式。在享受美味和健康的同时，也让我们来全方位地重新认识一下这个老朋友吧！

01 鸡蛋是中国营养学会推荐的优质蛋白质冠军食物

中国营养学会组织专家对我们日常生活中的常见食物进行过蛋白质营养评价，主要考察食物的两个指标，一个是“数量”指标，即“蛋白质含量”，是指每100克这种食物中蛋白质的数量，另一个是“质量”指标，即“蛋白质的氨基酸评分”。氨基酸评分是通过将食物蛋白质组分与参考蛋白比较限制性氨基酸的量，来评价蛋白质质量，得分越高说明蛋白质质量越好，机体越容易吸收和利用。综合蛋白质含量和氨基酸评分两方面的数据，专家组列出了“优质蛋白质十佳食物”，其中鸡蛋位列榜首。

常见食物营养评价表

排名	食物名称	蛋白质含量（克/100克）	氨基酸评分
1	鸡蛋	13.1	106
2	牛奶（液态）	3.3	98
3	鱼肉	18	98
4	虾肉	16.8	91
5	鸡肉	20.3	91
6	鸭肉	15.5	90
7	瘦牛肉	22.6	94
8	瘦羊肉	20.5	91
9	瘦猪肉	20.7	92
10	大豆（干）	35	63

另外，鸡蛋也是性价比最高的优质蛋白质来源，鸡蛋的价格低于其他动物性食物。鸡蛋的蛋白质含量为11%～13%，一枚中等大小的鸡蛋可提供6～7克的优质蛋白质。如果从牛奶、肉类、水产品中获取同样重量的优质蛋白质，则要付出比鸡蛋更高的价格。

02 常吃鸡蛋对人体健康有什么好处

都说鸡蛋有营养，这些营养具体对人体健康有什么好处呢？

吃鸡蛋可补充优质蛋白质。一枚鸡蛋含有丰富的蛋白质和人体必需的多种氨基酸，其每100克优质蛋白质含量仅次于母乳，可以提高机体的免疫力，维持人体正常代谢，促进生长发育。此外，鸡蛋富含胆碱、二十二碳六烯酸（DHA）等，有助于婴幼儿成长初期脑神经细胞及组织发育。

早餐食用鸡蛋有助于控制体重和保持活力。鸡蛋中蛋白质可以让人产生饱腹感，早餐摄入足量的蛋白质可以减少午餐食物的摄入量，起到控制体重的作用。

吃鸡蛋可以提高记忆力。蛋黄里含有丰富的磷脂和胆碱，有助于大脑发育，提高人的记忆力。此外，早餐吃一枚鸡蛋可以维持血糖在较高且相对稳定的水平，保障大脑进行正常的活动。

吃鸡蛋可以保护视力。蛋黄中的叶黄素和玉米黄素可以很好地保护眼睛，预防近视，还可以缓解疲劳，经常用眼的朋友更要每天吃鸡蛋。

鸡蛋好处多，赶紧吃一枚吧！

03 鸡蛋结构功能知多少

蛋清　也称为蛋白。蛋清约占鸡蛋可食用部分的66%，蛋清里含有整枚鸡蛋一半以上的蛋白质以及烟酸碱、核黄素、镁、钾、钠等，几乎不含脂肪。蛋清是半透明胶状体，被搅拌或者烹调后才呈白色。蛋中的二氧化碳使得蛋清表面呈云雾状，随放置时间的延长，二氧化碳挥发，蛋清会变得更加透明，蛋白质也会变性，蛋清变得越来越稀薄，这就是为什么新鲜鸡蛋在打开时能完整地近似直立在蛋盘中，而时间较长的蛋一打开就平铺在盘中的原因。

蛋黄　约占鸡蛋可食用部分的34%。它含有整枚鸡蛋的脂肪和一小半的蛋白质。除烟酸碱和核黄素，蛋黄的维生素含量比蛋清高。鸡蛋中几乎所有的维生素A、维生素D、维生素E和维生素K都在蛋黄里。在受精蛋中，蛋黄是胚胎形成的场所。

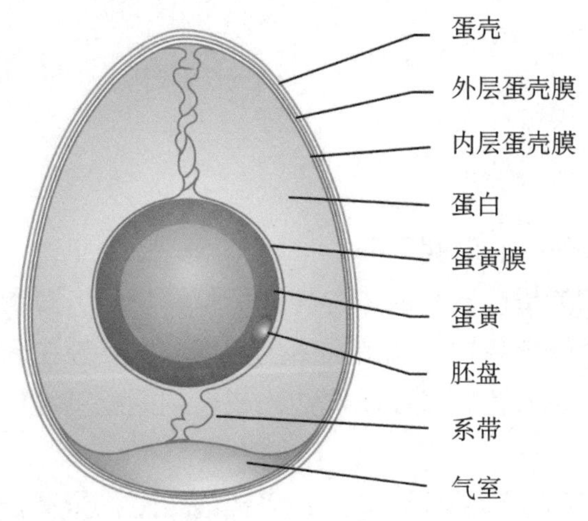

气室　鸡蛋煮熟后之所以易剥，是因为有气室。鸡蛋壳内有两层壳膜，当鸡蛋产出后，随着温度降低，在鸡蛋较大的一头，两层膜之间就会形成气室，其作用是供孵化中未出壳的小鸡呼吸。

蛋壳　占鸡蛋总重的9%～12%。蛋壳是阻止细菌污染鸡蛋内部的第一道防护线。影响蛋壳强度的主要因素是鸡饲料中的矿物质和维生素含量，尤其是钙、磷、锰、维生素D。

蛋壳膜　位于蛋壳与蛋清之间的纤维状薄膜，约占鸡蛋总重的1%，厚度为67微米左右，主要成分是蛋白质。蛋壳膜有什么作用呢？蛋壳膜是一种半透性亲水生物活性膜，具有良好的透气性和保湿性，能够选择性吸收自身需要的物质。中药里又称蛋壳膜为“凤凰衣”，不仅具有养阴清肺、消炎、促进肌肤生长的作用，还可以用于化妆品中，使肌肤更加细腻光滑。

系带　新鲜鸡蛋打开后，在蛋黄的两端会各有一条浅色絮状有弹性的“绳子”，这就是卵黄系带，通过这根系带，蛋黄就可以相对固定在鸡蛋中央。系带越突出，表明鸡蛋越新鲜。它不影响蛋清质量，可食用。

04 鸡蛋是怎么产出来的

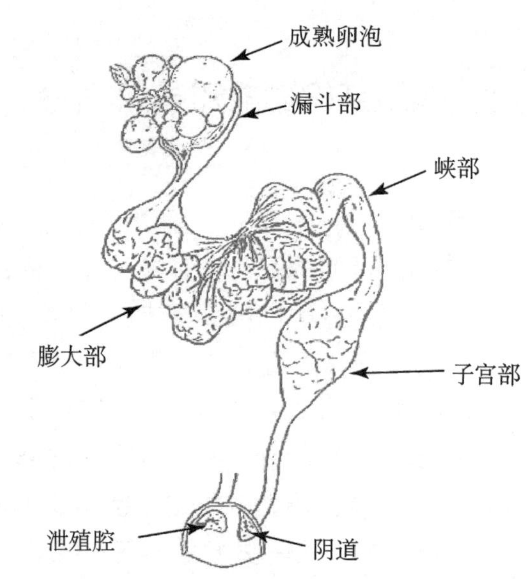

鸡蛋的形成就是卵子成熟排出的过程。与猪牛羊不同，鸡蛋的形成是在一个“造蛋”器官——输卵管里完成的。当母鸡长大“成人”后，卵巢上的卵泡就会成熟破裂排出卵子，并被包围在周围的输卵管接收。首先，卵子被一层一层的浓蛋白和稀蛋白包裹住，这个过程大约需要3小时；然后，在其表面加上内外壳膜，形成软

壳蛋，这个过程需要70多分钟。软壳蛋到达母鸡子宫后，其表面开始附着大量钙质，形成蛋壳，一共需要18～20小时。在不受外界干扰的情况下，母鸡会不断调转蛋的方向，原来小头在前变为大头在前，最终将蛋产出。因此，母鸡产一枚蛋大约需要一天时间。

另外，母鸡产蛋量的多少，主要取决于卵子成熟排出的时间间隔，这与母鸡品种和饲养环境有很大关系。高产蛋鸡前后两个卵子成熟的间隔大约为24小时，而地方品种和传统散养蛋鸡的排卵间隔要比高产蛋鸡长，因此产蛋量就少得多。

05 鸡蛋为何大小不一

鸡蛋的大小通常是由产蛋周期、鸡的品种、母鸡个体差异决定的，是母鸡天然性的一种表现。一般来说，鸡蛋的大小主要跟蛋鸡的日龄有关，蛋鸡日龄越大所产的鸡蛋越大，且蛋壳越薄。

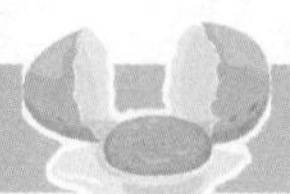

06 鸡蛋蛋壳颜色与营养有关系吗

很多人在挑选鸡蛋时，认为蛋壳颜色深的鸡蛋比颜色浅的鸡蛋营养价值高。事实上，蛋壳的颜色是由鸡的品种决定的，颜色深浅并不会影响蛋的营养，但与蛋壳本身的品质有关。相同日龄的鸡产的蛋中，蛋壳颜色越深，厚度越大；同一品种的鸡产的蛋，鸡的日龄越短，蛋壳越厚，强度也越大。因此，在运输和贮存过程中，蛋壳颜色深的鸡蛋和刚开产的鸡下的蛋更不容易破损。

什么品种的鸡，产什么颜色的蛋

目前，市场上常见的鸡蛋有白壳蛋、褐壳蛋、粉壳蛋和绿壳蛋，蛋壳颜色与鸡的品种密切相关，是可以遗传的，且遗传力较高。

白壳蛋鸡品种

一般身上长有白色羽毛和白色耳垂。国外引进的品种有海兰白、罗曼白等；国内自主培育的有京白蛋鸡、939蛋鸡、新杨白壳蛋鸡等；地方鸡种有泰和乌骨鸡等。

褐壳蛋鸡品种

产褐壳蛋的蛋鸡往往长有红色耳垂，分为红羽褐壳蛋鸡、白羽褐壳蛋鸡和黑羽褐壳蛋鸡。红羽褐壳蛋鸡主要有国外引进的罗曼褐、海兰褐、伊莎褐等；国内自主培育的有京红蛋鸡系列、新杨褐壳蛋鸡等；白羽褐壳蛋鸡主要有洛岛白蛋鸡；黑羽褐壳蛋鸡主要有伊莎雪佛黑、宝万斯尼拉等。

粉壳蛋鸡品种

国外引进的品种有罗曼粉、海兰灰、伊莎粉、尼克珊瑚粉等；国内自主培育的有京粉系列、大午粉系列、农大粉壳蛋鸡、凤达蛋鸡等。

绿壳蛋鸡品种

主要是我国地方鸡种，如东乡绿壳蛋鸡、长顺绿壳蛋鸡、麻城绿壳蛋鸡、卢氏绿壳蛋鸡等，还有自主培育的苏禽绿壳蛋鸡、新杨绿壳蛋鸡等。

蛋壳颜色还受哪些因素影响？遗传因素是影响蛋壳颜色的主导因素，此外还受各种应激因素、日龄、营养水平、疾病、环境等因素影响，导致同一品种不同个体间蛋壳颜色有一定差异。

无论蛋壳的颜色有何种不同，都不会影响鸡蛋的营养。

07 为什么鸡蛋有大小头

众所周知，鸡蛋的大头较圆，小头较尖。刚产下的鸡蛋是温暖的（40℃），当鸡蛋冷却后，液体内容物收缩，鸡蛋大头一端内外壳膜分离，形成一个充满空气的保护囊，称为气室。蛋壳表面看起来很平滑，实际上含有许多微小的孔，多达17000多个，可允许水分和二氧化碳排出和空气进入，这就是“鸡蛋呼吸”。

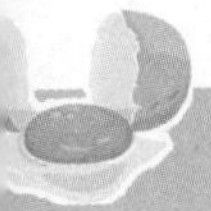

08 鸡蛋为何“流血”

鸡蛋打开后，里面有血丝或血块的鸡蛋，被称之为“血斑蛋”。血斑蛋比较普遍，在蛋鸡养殖中，血斑蛋出现的比例在3%～10%。血斑形成的原因较多，可能是母鸡卵巢或输卵管发炎出现轻微出血，血液渗到卵黄上，被包裹到蛋中形成的，也可能是母鸡在产蛋过程中受刺激产生了应激反应所致，还有可能是母鸡吃了含锌、铁、铜等金属元素较高的饲料引起的。

血斑蛋对人体无害，不影响鸡蛋本身的营养，正常加工煮熟后即可食用，也可以将血斑剔除后食用。

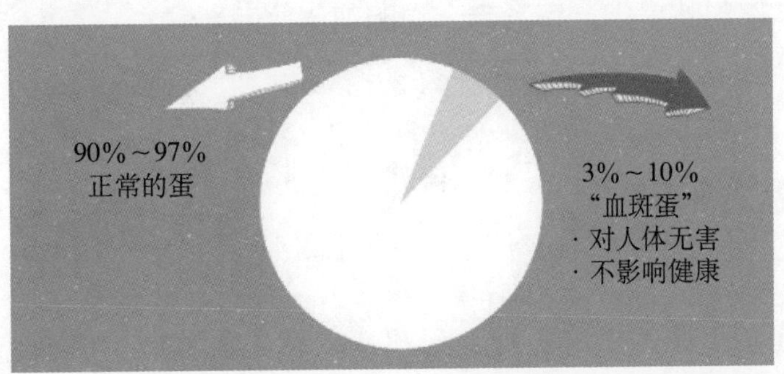

09 鸡蛋里的斑点是什么

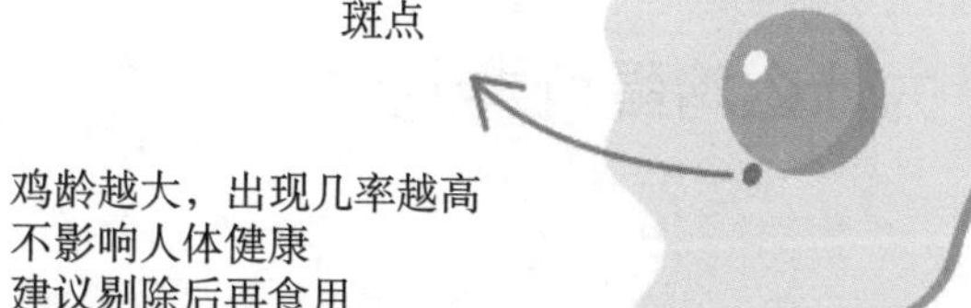

有时鸡蛋打开后，会发现里面有灰黑色或深褐色的斑点，有的比芝麻还小，有的如米粒或绿豆般大。这是鸡蛋变质了吗？

不是！这些“斑点”被称为鸡蛋的内容物质，是因母鸡在鸡蛋形成过程中，输卵管内壁有轻微破裂导致出血和组织脱落而包裹在蛋液中导致的，同血斑蛋是一样的道理。

鸡龄越大，鸡蛋出现这种现象的概率越大。“斑点”物质不影响人体健康，食用时发现有较大的此物质，可以剔除后再食用。

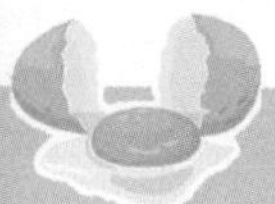

10 蛋黄两端的白色絮状物是什么

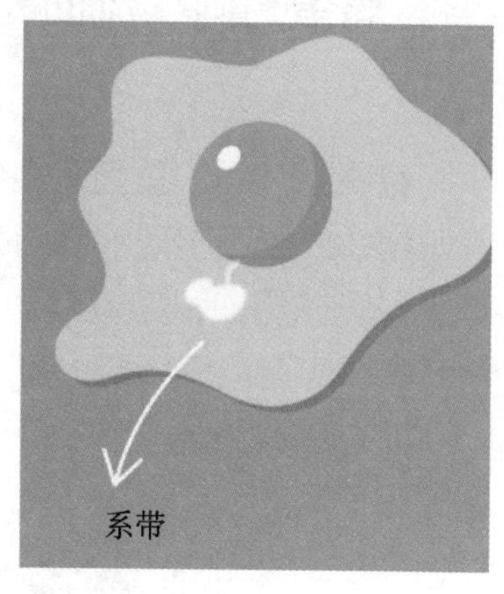

鸡蛋蛋黄两端的白色絮状物被称作系带，作用是固定蛋黄的位置，使蛋黄居于中央不触及蛋壳。

系带由浓蛋白构成，是蛋白的一部分，也是优质蛋白质的来源，具有弹性。刚产的新鲜鸡蛋系带粗且明显，系带较长，有弹性。鸡蛋放置时间越长，系带弹性变弱，系带随着浓蛋白变稀而慢慢消失。系带并不影响食用，有系带，说明鸡蛋比较新鲜。

11 双黄蛋是怎么来的

首先，我们来了解鸡蛋的形成过程。母鸡性成熟之前10 ~ 11天，卵巢上卵泡发育加

快，肝脏产生的大量卵黄物质由血液输入卵泡，1 ~ 2天后第二个卵泡也开始发育，如此循序进行。在第一个卵排出时卵巢已有5 ~ 10个卵处在发育过程中，经10 ~ 11天，第一个卵成熟并从卵巢排出，进入输卵管的漏斗部，在此约需20分钟进入输卵管的膨大部，然后约经3个小时卵黄表面裹上蛋白，进入输卵管的峡部，再经约1.25小时先后形成内外两层蛋壳膜，产生蛋的“雏形”，接着进入输卵管的子宫部，在此水分和盐分很快渗入，蛋白重量增加，蛋壳膜膨胀，鸡蛋成型。经过18 ~ 20小时在蛋壳膜上沉积碳酸钙等物质形成蛋壳、蛋壳颜色及胶质层，从而形成完整的鸡蛋。然后鸡蛋进入阴道、泄殖腔，并在泄殖腔短暂停留后经肛门产出体外。

双黄蛋是指一个蛋壳中含有两个卵黄的蛋。通常一只鸡每天只排一个卵，但由于内分泌失调或其他生理原因，一天排两个卵也是常有的，偶尔还有一天排三个卵的。如果两个卵同时排出且同时进入输卵管，在输卵管内部依次被蛋白、壳膜和蛋壳等物质包裹，就会产生双黄蛋。如果两个卵的排出时间稍有先后，那么这一天就会产下两枚蛋。在产蛋期的前期，卵巢比较活跃，双黄蛋较为常见。双黄蛋内含两个卵黄，营养丰富，风味较好，深受群众喜爱。民间将“双黄蛋”视为可给人们带来吉利祥和的“祥瑞食品”。日本民俗也将"双黄蛋"视为夫妻“百年好合”的象征，用之作为新婚或结婚纪念日的喜庆赠品。

12 什么是初产蛋

初产蛋也称初生蛋，生物学意义上是指青年母鸡所产的第一枚蛋，民间普遍将初产蛋视为母鸡开始产蛋后一段时期内产的蛋，有的商家将母鸡开产后20天内产的蛋都称为初产蛋，有的商家会将开产后30 ~ 60天内的蛋称为初产蛋。

从营养成份上看，目前还无法检测出初产蛋与普通鸡蛋的差别，但母鸡产的第一个蛋总比以后产的蛋小，所含水分也较少，干物质相对多一点，色素含量也高一些，可以称之为“小而精”。

13 什么是营养富集蛋

俗话说“药食同源”“药补不如食补”。近年来，为了满足特殊群体的消费需求，如缺碘、缺硒、缺锌群体及处于快速生长发育期的婴幼儿和儿童，有些企业推出了一系列“功能蛋”，其实这是一种营养素强化鸡蛋，消费者可以通过吃“功能蛋”，补充他们所需要的普通膳食很难满足的营养素。

那么，这些“好东西”是如何进到鸡蛋里的呢？营养专家告诉我们，它是通过定向调控饲料中的某些营养素，利用产蛋鸡的生物富集功能，将这些营养素富集到鸡蛋里实现的。这样的鸡蛋，市场上还真不少，如富叶酸蛋、富 ω-3 蛋、富硒蛋等。

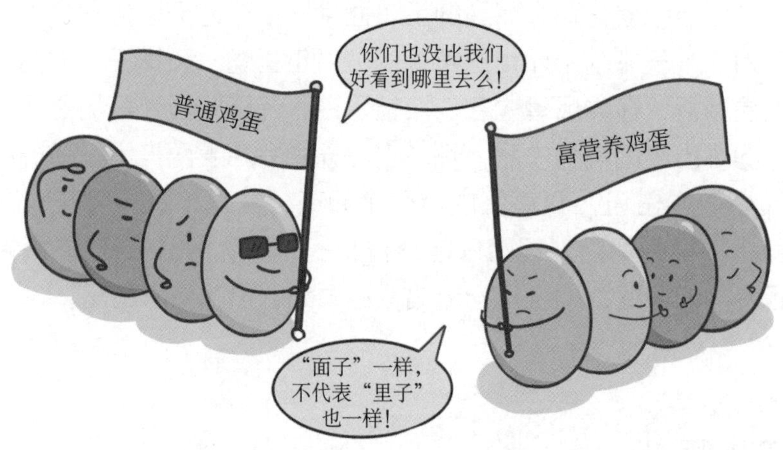

富叶酸蛋 国内市场上主要品牌有伊势、展望等，叶酸富集量可达到每100克鸡蛋110 ~ 140微克。富叶酸蛋具有保健作用，可降低新生儿畸形发生率，预防老年人的心血管疾病。孕妇、儿童和老年人可适量食用，叶酸过敏者慎食。

富 ω-3 蛋 目前国内市场上主要产品有圣迪乐村我迷家高端营养蛋、展望欧米伽3鸡蛋、鹏昌多点欧米伽3鸡蛋等，另外富集DHA的鸡蛋品牌有伊势、正大、晋龙等。富 ω-3 蛋在美国、加拿大等国发展较快，其在功能性鸡蛋市场中占比较高。

富硒蛋 主要是针对缺硒人群研发的，通过在蛋鸡饲料中添加一定比例的亚硒酸钠复合剂、含硒酵母和有机硒，使鸡蛋中的硒含量达到富集水平，富集量可达到0.2 ~ 0.5 毫克/

千克，安全可靠地补充了硒元素。国内市场上主要的富硒蛋品牌有正大、益生源、牧族等。

富碘蛋 碘是人体必需的微量元素，缺碘会引起人“大脖子病”“呆子病”等。富碘蛋的碘含量可达300 ~ 1000微克/枚，比普通鸡蛋高10 ~ 50倍。

富锌富铁蛋 其铁、锌含量是普通鸡蛋的2 ~ 3倍。铁、锌是维持婴幼儿正常生长发育的重要微量元素，与孩子的大脑和智力发育密切相关，还可提高身体抵抗力，婴幼儿可适当食用。

14 你知道鸡蛋“五性”吗

冻裂性 当温度低于−7℃时，鲜蛋蛋液容易冻结，造成鸡蛋内容物体积增大，导致蛋壳破裂。故当气温过低时，应为鲜蛋做好保暖防冻。

吸味性 鲜蛋可通过蛋壳的气孔和外界不断地进行气体交换，所以极易吸收环境中的异味。当鲜蛋与农药、化学药品或腐烂变质的食物放在一起时，就会吸收其气味，影响食用品质和风味。

易潮性 鸡蛋虽有硬壳保护，但当遭到雨淋、水洗、受潮时，其蛋壳表面的胶质薄膜会被破坏，使气孔外露，外界环境中的微生物极易进入蛋内繁殖，会加速鲜蛋腐败。故鲜蛋宜保存在通风、干燥的环境下。

易腐性 鲜蛋液含丰富的营养物质，易成为细菌、微生物的天然培养基。当鸡蛋所处的环境温度湿度过高，受水洗、雨淋、擦伤、撞击破损时，大量微生物会向蛋液侵染，进而导致鸡蛋腐败变质。

易碎性 蛋壳具有一定强度，能承受一定压力而不损坏，从而保护鸡蛋维持固有特性，但是也不能“以卵击石”，鲜蛋在运输贮藏过程中，遭到挤压、碰撞时，极易造成蛋壳破裂。

因此，鲜蛋必须轻拿轻放且保存在干燥、清洁、无异味、温度适宜、通气良好的地方。

15 鹌鹑蛋表面为什么有色斑

鹌鹑蛋表面有黑褐色的斑点是鹌鹑蛋的特征。蛋壳的形成源于输卵管内的碳酸钙沉积，包被着蛋清蛋黄的内蛋壳膜上首先出现微小的钙沉积小点，然后逐渐堆积成完整的蛋壳。在蛋缓慢下行的过程中，输卵管末端的输卵管壁会分泌出棕褐色的色素，附黏在蛋壳上形成斑点。每个鹌鹑蛋上的色斑形状是不一样的，由鹌鹑蛋在输卵管内旋转的方向及次数而定。长时间浸泡在水中，或高温加热可以使之褪落。

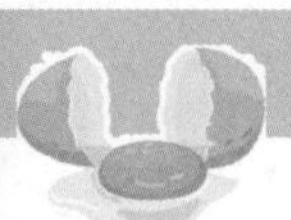

16 鸽蛋的营养价值如何

鸽蛋被誉为“动物人参”，含有丰富的蛋白质、卵磷脂、维生素和铁等营养元素，是高蛋白低脂肪、安全又健康的食品。每100克鸽蛋的卵磷脂含量为17.86克，比鸡蛋高很多；鸽蛋灰分含量低，钾、铁、锌含量均高于鸡蛋；鸽蛋的脯氨酸含量比鸡蛋高，因脯氨酸是胶原蛋白合成中的主要氨基酸，所以鸽蛋胶原蛋白含量很高。鸽蛋可以增强人体的免疫和造血功能，对手术后的伤口愈合、产妇产后恢复和调理及儿童的发育成长具有很好的功效，是老少皆宜的营养佳品。

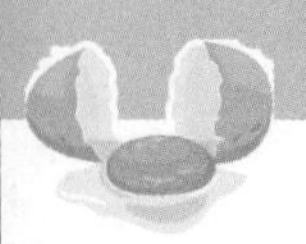

17 煮熟的鸽蛋蛋白为什么是透明的

鸽蛋煮熟后，蛋白呈透明胶冻状，这是鸽蛋不同于其他禽蛋的特殊性。透明鸽蛋白具有质地嫩滑、绵软、易咀嚼的优点，适口性好，受到大众追捧。但也不是所有的煮熟鸽蛋白都呈透明，少部分同鸡蛋一样为白色不透明固体状。造成这种现象的主要原因是鸽蛋白微观结构的差异，透明鸽蛋白呈空间多孔的、疏松不规则的网状结构，形成的胶束成“串球状”；不透明鸽蛋白结构结实紧密，网状空隙小，细胶束的聚集增加，形成团状的凝胶块。

第二部分　认认真真了解蛋

日常生活中，我们对饮食健康十分关注，这种关注也明显地体现在蛋品领域。事实上，大家对蛋品的误解可不算少，有时还会因缺少相关的科学知识而以讹传讹。为了还“蛋”一个清白，让消费者正确、科学地认识蛋，在吸收蛋本身营养的同时也能掌握更多相关的科学知识，认认真真了解蛋是十分必要的。

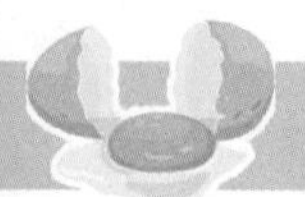

01 蛋黄散了，鸡蛋就不新鲜了吗

经常会听到“鸡蛋蛋黄散了就不新鲜”的说法，这种说法是片面的。蛋黄散了是指蛋黄膜遭到破坏而使蛋黄散开的现象，散黄通常有三种原因：

机械性散黄 鸡蛋在运输等过程中由于振荡强度过大导致蛋黄膜破裂，会造成机械性散黄。

假性散黄 磕蛋过程中蛋壳将蛋黄膜划破，尤其是褐壳鸡蛋的蛋壳较厚，磕蛋过程中极易划破蛋黄膜，造成假性散黄。

以上两种情况下，散黄并不能说明鸡蛋不新鲜了。

但当鸡蛋存放时间过长或储存温度不当时，蛋黄膜强度降低，这时出现散黄现象，就说明鸡蛋已不够新鲜了。若散黄不严重，无异味，经过煎煮等高温处理后仍可食用；若散黄严重，且已被大量微生物污染，带有臭味，则不能食用。

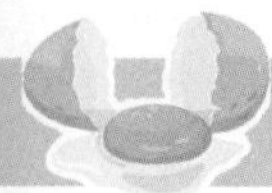

02 为什么有人吃鸡蛋会过敏

鸡蛋是联合国粮食及农业组织报告的八大过敏食物（大豆、花生、小麦、坚果、牛奶、蛋类、鱼类和甲壳纲动物）之一。鸡蛋中主要过敏原有6种，分别是蛋清中的卵类黏蛋白、

卵白蛋白、卵转铁蛋白和溶菌酶，以及蛋黄中的 α-卵黄蛋白和卵黄糖蛋白。

据统计，人群中鸡蛋过敏发生率在1.6% ~ 3.2%，仅次于牛奶，排在过敏食物的第二位。流行病学调查表明，约有2.5%的成人和6% ~ 8%的儿童对食物过敏，其中鸡蛋引起的食物过敏占儿童食物过敏的35%，占成人食物过敏的12%。鸡蛋过敏是婴幼儿和儿童常见的一种食物过敏现象，3岁以下曾对鸡蛋过敏的儿童，在3 ~ 5岁时会对鸡蛋产生一定耐受性，过敏发生率会逐渐降低。鸡蛋过敏症状包括过敏性皮炎、荨麻疹、胃肠道紊乱、腹痛等。情况不严重的话无须用药，若过敏严重要及时就医。

03 鸡蛋为什么要“化妆”，蛋黄“染色”对人体有害吗

2019年“3·15”晚会上，12315消费者协会曝出鸡蛋的“惊人秘密”：蛋黄颜色深，可能是因为添加剂。目前市面上土鸡蛋宣传时，商家也喜欢拿蛋黄颜色来做文章，“普通鸡蛋颜色浅，土鸡蛋颜色深”的说法流传甚广。那么，为什么老百姓关注蛋黄颜色，为什么蛋黄颜色能够成为商家的卖点呢？

——市场导向，为了满足消费者的喜好。关于蛋黄颜色，除肉眼观测外，国内外的通常做法是用比色扇进行直观测量，用数值表示，范围为0 ~ 15，数值越小表示颜色越浅，数值越大表示颜色越深。不同国家和地区消费者期望的蛋黄颜色不同。如欧盟消费者倾向于蛋黄颜色在9 ~ 13的鸡蛋，美国消费者倾向于5 ~ 8，加拿大消费者则喜欢蛋黄颜色在3 ~ 5。我国大部分消费者认为蛋黄颜色越黄越深品质越好，喜欢蛋黄颜色大于12的，7 ~ 11也能接受。因此，为迎合消费者喜好，蛋黄颜色就成为商家的主要卖点。

那么，蛋黄颜色如何能够变得更黄更深呢？事实上，母鸡自身不能合成蛋黄色素，饲料中色素是其主要来源。也就是说，蛋黄颜色主要取决于母鸡吃的饲料。蛋鸡饲料中60%以上是玉米，且多是富含类胡萝卜素的黄玉米，是蛋黄颜色的主要来源，但如果不额外补充其他色素源，采食这样的饲粮仅能产出蛋黄颜色6左右的鸡蛋。其他富含类胡萝卜素的饲料原料和添加剂，如玉米蛋白粉、红辣椒、苜蓿草、万寿菊、雨生红球藻、虾青素、橘子皮、合成色素类添加剂等添加到饲粮中，可提高蛋黄颜色至特定需要。

那么，“3·15”晚会曝光视频中用做鸡饲料的神秘红色粉末是什么呢？它的名字叫斑蝥黄，又称角黄素，是一种在自然界（如藻类、植物、真菌类植物等）广泛分布的一种类胡萝卜素。在我国，依法生产经营的且质量合格的斑蝥黄是允许添加到饲料中的。美国、加拿大、欧洲等发达国家和地区也允许使用，甚至可以用于添加三文鱼饲粮，让鱼肉颜色更鲜艳。由于人工合成色素比天然物质提取的色素更经济、含量可控，蛋鸡生产中多使用人工合成色素。斑蝥黄、加丽素等类胡萝卜素饲料添加剂，具有抗氧化作用，可维持蛋黄膜结构，提高蛋黄膜强度，加深蛋黄颜色。研究表明，食用含有类胡萝卜素的蛋黄，可以获得更多的抗氧化物质，有益于身体健康。

前几年曝光的将“苏丹红”等工业级色素加至饲料中喂鸡，也可以使鸡蛋、鸭蛋等的蛋黄颜色鲜艳，但对人体健康有害，且不在国家颁布的《饲料添加剂品种目录（2013）》中，属非法饲用，是严厉打击的行为。

04 “乒乓球鸡蛋”是假鸡蛋吗

2018年的“3・15”晚会上，“乒乓球鸡蛋”被曝光，当时百度搜索相关信息达上百万条，这到底是咋回事？

其实，所谓的“乒乓球鸡蛋”（也称“橡皮蛋”），是指鸡蛋煮熟后蛋黄特别坚实且有弹性，类似橡皮球和乒乓球。造成这种现象的原因通常有两种：一是长时间低温保存，造成鸡蛋受冻。鸡蛋受冻后，蛋黄会发生不可逆的凝胶作用，会发生鸡蛋煮熟后“弹跳”的现象，因此鸡蛋贮存温度不宜过低。蛋黄冻结点平均为−0.6℃，冰箱的设定温度一般是0 ~ 4℃，

实际温度会有偏差，当实际温度低于-0.7℃时，贮藏在冰箱里的鸡蛋就会受冻。一般来说，这种现象通常会出现在春节前后，因节日市场需求量大，商家存货过量所致。这类鸡蛋除了口感差些，一般不存在食品安全问题。

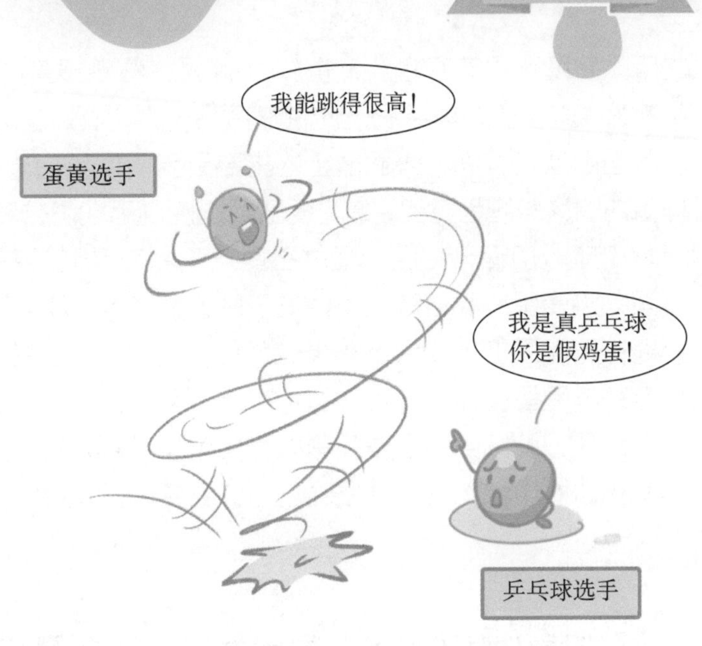

其次，如果蛋鸡饲料中棉籽饼粕用量过高，导致饲料中游离棉酚、环丙烯脂肪酸等成分含量过高，也容易使蛋黄在贮存过程中变硬、变色。游离棉酚是棉籽中的一种抗营养物质，其含量超标会产生不良作用。不过，随着低棉酚育种、脱棉酚工艺和全价配合日粮技术的推广应用，饲料中游离棉酚含量已得到很好控制，由饲料中棉酚过高引起的“乒乓球鸡蛋”已经很少见了。

05 咸鸭蛋“流油”是咋回事

很多消费者发现，我们买来的咸鸭蛋往往个个“蛋黄流油”，既好看又好吃，但不免心有疑虑，这么多“油”是哪儿来的，不会是“注”进去的吧？

其实，咸鸭蛋黄中的“油”一直都存在鸭蛋里，只是与之前存在的方式不同。不同的腌制工艺、腌制温度、腌制时间、腌制用盐量均会影响蛋黄中油脂状况。一般来说，鸭蛋黄中油脂含量在30%以上。

之所以新鲜鸭蛋黄不会“流油”，是因为在鲜鸭蛋黄中，油脂是以小油滴的形式均匀分散在蛋黄溶液当中。帮助油脂均匀分散的是蛋黄中的蛋白质和磷脂，它们起到了乳化剂的作用。疏水的油脂藏在里面，表面露出的主要是蛋黄中蛋白质和磷脂相对亲水的一面。因此，含有同样多油脂，鲜鸭蛋黄的油腻感明显低于腌制后油脂分离的蛋黄。

加盐、加热、加压，造就蛋黄“流油”。加盐腌制一方面会造成蛋黄中水分减少，另一方面会改变蛋白质溶解性，使其变性。随着腌制时间的延长，生蛋黄会逐渐凝固，油脂逐渐分离。腌制后的加热会进一步破坏蛋黄中的脂蛋白结构，使更多油脂释放出来。另外，在加热煮熟咸鸭蛋过程中，往往引入加压工艺，这样一来，就会使咸鸭蛋各个“流油”。

为什么腌制用的蛋是鸭蛋而不是鸡蛋？那是因为鸡蛋黄和鸭蛋黄的成分有差异，蛋壳结构和孔隙大小也不同，鸭蛋腌制的效果要好于鸡蛋。

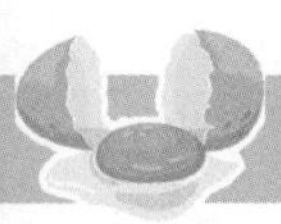

06 皮蛋外壳斑点多，是因为铅、铜含量高吗

前几年，中央电视台曝光了“毒皮蛋”事件，有不法分子用工业硫酸铜腌制皮蛋，以缩短腌制时间。由于工业硫酸铜往往含铅、砷、镉等有毒有害元素，存在严重的食品安全隐患，引发了不少消费者的担忧。事实上，皮蛋的传统做法并不使用含铅的原料，而主要使用生石灰、纯碱、食盐、红茶、植物灰等。后来为提高效率、降低成本，规模化生产工艺中加入了氧化铅。由于铅对人体的危害比较大，在20世纪80年代，我国发明了皮蛋无铅工艺，研究出了氧化铅的替代物——硫酸铜。2013年6月16日，国家食品药品权威部门发布通知，在皮蛋加工过程中使用的硫酸铜必须符合《食品安全国家标准 食品添加剂 硫酸铜》(GB 29210—2012)的要求，不能使用工业硫酸铜。2014年修订的皮蛋国家标准规定一律采用无铅工艺生产。皮蛋铅含量小于0.5毫克/千克，我们称之为“无铅皮蛋”，其铅含量与豆腐、鱼、肉一样

（日常接触的水和空气也会含微量铅）。这样的含铅量对人体的影响可以忽略不计，无铅工艺的强制使用大大提高了皮蛋质量安全水平，只要从正规渠道购买的皮蛋，消费者“蛋吃无妨”。

皮蛋上的松花是怎么形成的？

制造皮蛋的原料除鸭蛋外，主要有生石灰、碱面和盐等，生石灰遇水生成熟石灰，熟石灰遇碱产生氢氧化钠，它们穿过蛋壳上的细孔，进入蛋里与氨基酸化合生成氨基酸盐。盐的晶体会沉积在凝胶状的皮蛋蛋清中，这就形成了“松花”。经科学分析，确定这些“松花”是纤维状氢氧化镁水合晶体。

07 为什么许多食品中都会用到鸡蛋

鸡蛋之所以在食品中享有盛名，除了可以直接作为食物而使人获得营养外，还可以将其加入其他原料中做出各种食品，这是由于鸡蛋的一些特殊功能。

凝结作用　鸡蛋蛋白质通过加热、机械方法、加盐、加酸或加碱等方式会从流体变成固体或半固体。许多食品烹饪都要靠鸡蛋蛋白的凝结作用才能成功，如制作肉圆、蛋奶甜羹、馅料等时就是利用鸡蛋加热会凝结的特性。

发泡作用　在搅拌鸡蛋蛋白时，空气会裹入蛋白之中形成泡沫，这就是鸡蛋的发泡作用。鸡蛋蛋白的发泡能力可以使食品蓬松，如蛋白酥、煎蛋饼、松蛋糕等全靠鸡蛋使之松软。

乳化作用　鸡蛋蛋黄是一种有效的乳化剂，其乳化成分是卵磷脂、胆固醇、脂蛋白和蛋白质类。鸡蛋蛋黄是蛋黄酱的主要成分，在含有起酥油的蛋糕面糊，以及在奶油泡芙和荷兰沙司这类同时使用鸡蛋与脂肪或油类的食品中，起到重要作用。

结晶控制作用　在方旦糖等糖果的制作中，鸡蛋蛋白作为一种“蔗糖结晶剂”，可以控制蔗糖结晶体的生长。

颜色　鸡蛋蛋黄中的天然色素可以给食品增添色彩，如使用鸡蛋蛋黄焙烤食品，制做鸡蛋面条、冰淇淋、蛋黄沙司和煎蛋饼等，会呈现出令人愉快的黄色。

味道　人们把鸡蛋的味道描述为鲜、淡、甜，也有说土味和霉味，鸡蛋以其特有的味道在食品中独占一席，具有不可替代的作用。

08 饲料添加剂都是有害的吗

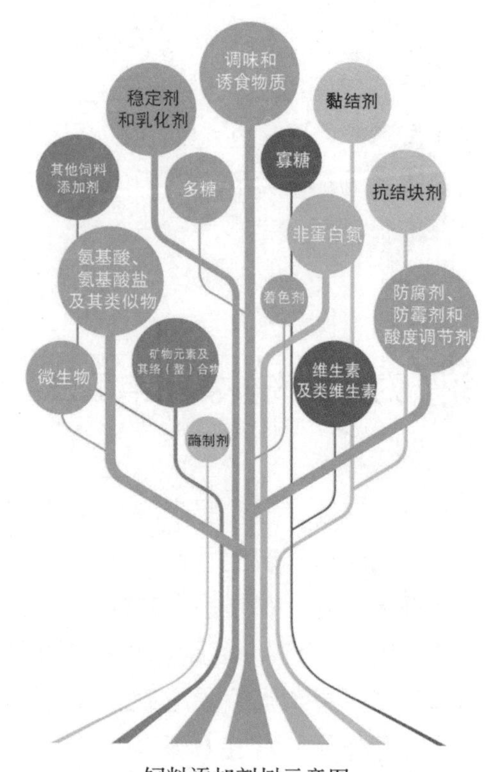

饲料添加剂树示意图

目前，很多人有吃营养补充剂的习惯，却对动物饲料中的“添加剂”闻之色变。其实，动物吃的饲料添加剂就相当于人吃的钙片、维生素片、味精等，是经过严格科学试验和安全评估通过的，是安全的。

为加强饲料添加剂管理，保障养殖动物产品质量安全，从1999年起，我们国家就颁布实施了《饲料和饲料添加剂管理条例》及《饲料质量安全管理规范》等一系列配套规章制度，2011年、2013年、2016年和2017年对条例分别进行了四次修订。参照食品添加剂管理模式，我国对饲料添加剂也实行目录制管理，对新饲料添加剂实行严格审定，对进口饲料添加剂实行登记管理。

事实上，很多添加剂是人和动物通用的。比如，异亮氨酸、苯丙氨酸、缬氨酸、胱氨酸、牛磺酸等多种氨基酸类添加剂；氯化钠、硫酸亚铁、乳酸钙等矿物元素；维生素A、维生素B_1、维生素B_2、维生素C、叶酸等多种维生素及类维生素；辣椒红、β-胡萝卜素、β-阿朴-8’-胡萝卜素醛等着色剂；山梨酸及其钾盐、苯甲酸及其钠盐、丙酸及其钠盐和钙盐等防腐剂；茶多酚、丁基羟基茴香醚（BHA）、二丁基羟基甲苯（BHT）等抗氧化剂；谷氨酸钠（味精）、5’-鸟苷酸二钠和5’-肌苷酸二钠等调味和增味剂，等等。

知识点滴

目前，我国饲料添加剂分十三类，分别是：氨基酸、氨基酸盐及其类似物，维生素及类维生素，矿物元素及其络（螯）合物，酶制剂，微生物，非蛋白氮，防腐剂、防霉剂和酸度调节剂，着色剂，调味和诱食物质，黏结剂、抗结块剂、稳定剂和乳化剂，多糖和寡糖以及其他饲料添加剂，共计400多个品种。

09 蛋鸡需要经常打针吗

不需要。

在蛋鸡育雏、育成期（大致相当于人的儿童和少年阶段），为了预防疾病，会给蛋鸡注射各种疫苗，如马立克、新城疫、支原体、禽流感等。就像现在的儿童，在0～6周岁也需要注射一系列疫苗，如卡介苗、乙肝、百白破等。疫苗的成份是灭活或者低毒病毒或其特定组分（抗原），其目的在于激发机体的抵抗力，产生能抵御疫病的免疫抗体。一旦遇到已经注射过疫苗的病毒时，就不那么容易得病了。

另外，为了提高抵抗力，有些疫苗如禽流感还会注射多次，这跟人注射乙肝、狂犬病疫苗的程序差不多。兽医人员会根据地区疫病流行情况进行调整。

至于有传言给蛋鸡注射抗生素治疗疾病，其实这是个赔本买卖。抗生素对细菌性、支原体、衣原体等疾病有用，但对付不了病毒，而蛋鸡的疾病很多都是病毒性的，这是其一。其二，要确诊鸡得的是什么病需要做很多化验，成本太高了，得不偿失。另外，疾病在治疗期间也是有传染性的，如果感染了整个鸡群，那损失比几十块钱一只的鸡可大多了。

鸡与牛羊猪等家畜不同，规模化生产中不宜采用个体治疗方案，一旦发现有蛋鸡生病，通常的做法是将其“安乐死”。蛋鸡场的兽医更像神医扁鹊“治病于未病之时”，通过严格的免疫和消毒程序等非抗生素手段来进行群体预防。

10 规模化养鸡是什么样的

规模化养殖场正在使用各种先进设备和高端技术，可以说是相当“高大上”，与“奶奶养鸡”完全不是一个概念。规模化养殖是技术活，要有资本投入。规模化养殖场采用各种先进技术来提高生产效率，确保让鸡吃得有营养，环境适宜，在不用药的前提下保持鸡群的最佳健康状态，蛋粪分离避免污染，尽可能让健康产蛋鸡生产出更多、更好的鸡蛋。

在规模化养殖场中，鸡住的是空调屋，吃的是“营养套餐”——全价配合饲料，喝的是"纯净水"，喂料、饮水、通风、光照、清粪、集蛋等大部分操作已实现了自动化。机器人技术、鸡脸识别、红外测温技术、BLE精确定位技术、物联网、基因芯片、PM10激光检测、疫病声音分析预警、病鸡声呐定位等技术也逐步在蛋鸡养殖场应用。

现代化养殖场都用上了机械人

自动上料系统

规模化养殖场

11 你知道养殖场里蛋鸡吃的是营养套餐吗

部分消费者对母鸡的饲料有误解，认为是工厂用化学品生产出来的，吃饲料的鸡和它下的蛋没有营养。真实情况是这样的吗？

吃得好，蛋才好！其实，规模化标准化养殖的蛋鸡每天吃的都是“营养套餐”，按需配置，既有豆粕、鱼粉等蛋白质，也有玉米等谷物，还有维生素和微量元素，根据相应的标准和配方，按照一定比例调配出来，某种程度上说，鸡吃的比人吃的更均衡、更全面、更有营养。

你知道吗，关于蛋鸡的“营养套餐”，可是门大学问呢！鸡每天该吃啥、该吃多少、什么时候吃、吃干的还是湿的，配料的时候玉米应该粉碎到多大颗粒，要搅拌多长时间均匀度最好，每一种原料吃多少、消化多少，有多少被利用、有多少能被转移到鸡蛋中……这些问题都有科学家在研究。目前，针对鸡、猪等畜禽每天营养需求量的研究十分精准。在我国，几乎所有农业院校都设置了动物营养与饲料专业，研究人员上万人，还有不少院士大咖！如中国工程院院士就有中国科学院亚热带农业生态研究所研究员印遇龙、中国农业大学教授李德发、中国农业科学院北京畜牧兽医研究所研究员姚斌等。近年来，在鸡饲料营养方面的研究成果还获得了多项国家级奖项。比如功能性饲料关键技术研究与开发、畜禽饲料中大豆蛋白源抗营养因子研究与应用等获得了国家科学技术进步二等奖。

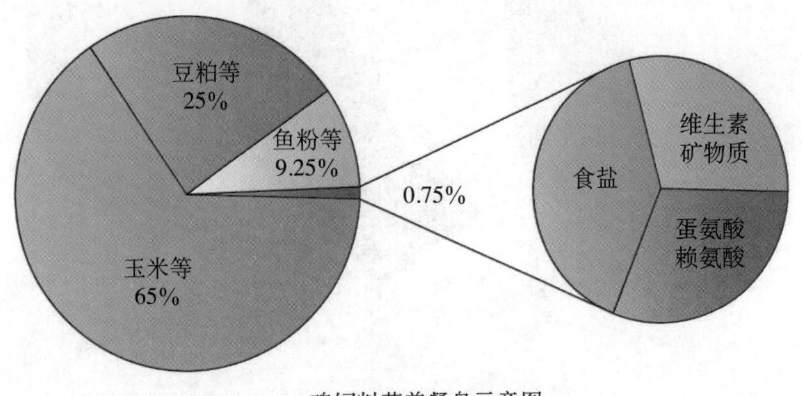

鸡饲料营养餐盘示意图

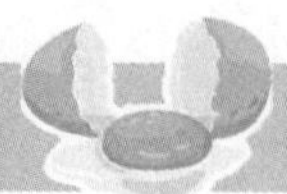

12 为什么散养鸡的产蛋量比养殖场鸡产蛋量低

其实，跟自然界其他动物是一样的，蛋鸡产蛋也具有一定规律。当蛋鸡到了产蛋期时，母鸡会连着几天甚至几十天每天都产蛋，然后停止产蛋一两天再继续产蛋，如此阶段性产蛋，这叫做鸡的连产性。当然，由于个体差异，连产期有的长有的短，这是正常的。

散养鸡一般冬季不下蛋或者产蛋少，是因为冬季光照时间短、天气寒冷、食物不足，使蛋鸡进入休产期。同时，这也是长期自然选择的结果，因为对母鸡本身来说，其产蛋的目的是为了繁殖后代，而冬季的环境不适合小鸡存活，因此，母鸡一般会在入秋后逐步暂停产蛋。

规模养殖场蛋鸡之所以不受季节影响，首先，养殖场内用灯光模拟太阳光，当日照降低到一定程度后就打开灯，保证总的日照时间不变（一般是16个小时光照，8小时黑暗）。在现代化的鸡舍中，环境由人工控制，每天提供16个小时固定光照，再加上规模养殖场鸡舍内的温度、湿度、饲料、饮水等条件都保持在蛋鸡需要的最佳条件，因此，即使冬季，规模养殖场的鸡蛋产量也不会减少。

不仅如此，与杂交水稻、玉米等高产农作物一样，高产蛋鸡也是通过科学实验选育出来

自主培育的京红、京粉、京白系列蛋鸡

的，是综合应用现代遗传育种、动物营养、环境控制等工程技术的结果。现在高产品种不仅饲养周期延长，产蛋数量也有大幅度提高，一只蛋鸡一个产蛋期（约420天）能产370多枚蛋，而且随着育种技术的提升，产蛋数还在增加。

目前，我国蛋鸡育种已达到世界先进水平，自主培育的高产优质蛋鸡已占市场的“半壁江山”，实现了从无到有、从有到强的飞跃。由于成绩突出，高产优质蛋鸡新品种培育还多次获得国家科技进步奖！如高产蛋鸡系列配套系的育成及配套技术研究与应用，节粮小型褐壳蛋鸡的选育等，均获得过国家科技进步二等奖。民族种业也有了大发展，比如北京首农食品集团华都峪口禽业有限公司已跻身世界三大蛋鸡育种公司之列，近年来成功选育出了京红、京粉、京白等系列蛋鸡，在生产中得到广泛推广应用，产蛋率很高，深受养殖场户欢迎。

13 品牌蛋生产与散装鸡蛋有什么不同

品牌蛋，字面理解是有一定规模的养殖户生产的有特色、有注册商标、有一定知名度的鸡蛋。由于鸡蛋具有易破损、货架期有限、不适于长途运输等特殊性，全国性的品牌鸡蛋少，大多鸡蛋品牌地域性明显。市面上常见的鸡蛋品牌有德青源、神丹、金翼、光阳、晋龙等，目前，鸡蛋消费越来越向品牌化发展，并呈现产品功能化、特色化和礼品化的特点。

品牌鸡蛋和散装蛋的口感没有什么本质差别，但品牌鸡蛋在生产上能够实现质量可控制、产品可追溯、责任可界定。首先，养殖场要实行标准化规模生产制度，确保产品安全。从鸡苗、饲料、环境等各个环节控制，确保鸡蛋生产的安全性，还要具有完备的安全管理体系及检测体系，也只有这样才能保证所有产品的品质是一致的、稳定的。

生产出安全优质的产品只是打造品牌蛋的第一步，流通中为了保证产品质量不降低，品牌鸡蛋在销售前还要经过特殊杀菌处理。另外，为了实现产品可追溯管理，确保责任界定明确，很多企业在鸡蛋上喷印可查询的身份编码，全面监控从原料蛋到销售网点整个产品链条上的关键信息。有些企业在蛋壳上喷印二维码，用手机扫一扫就能通过可追溯平台查询到企业生产信息或来自第三方的质检信息等，还能看到生产环境的实时监控视频和数据。蛋品是易碎、易腐的生鲜农产品，鸡蛋的品牌化，其实就是生产者对消费者作出的质量安全承诺，消费者消费的更多是信任和服务。品牌形成不是一蹴而就的，企业往往需要经过多年积累，不断提升品牌竞争力，扩大宣传营销，提高产品美誉度。

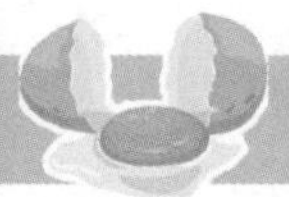

14 放心蛋都有什么标准

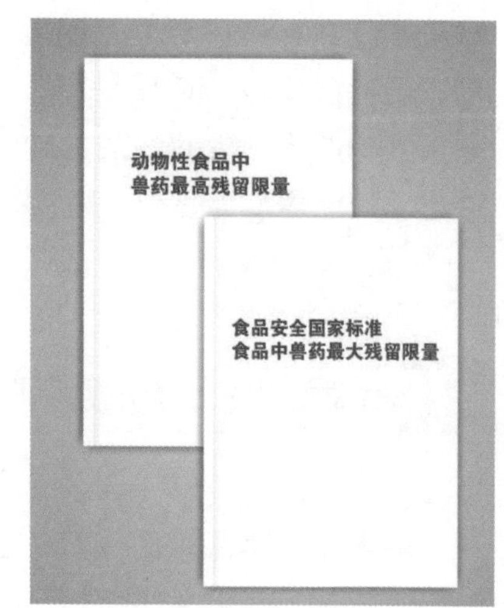

安全放心鸡蛋的生产需要有一系列标准来保障。在卫生环境方面，有《畜禽场环境质量标准》（NY/T 388）、《畜禽场环境质量及卫生控制规范》（NY/T 1167）、《无公害食品　畜禽饮用水水质》（NY 5027）、《标准化养殖场 蛋鸡》（NY/T 2664）、《集约化养鸡场建设标准》（NY/T 2969），等等。

在饲料投入品方面，有国家标准《产蛋后备鸡、产蛋鸡、肉用仔鸡配合饲料》（GB/T 5916）和《蛋鸡复合预混合饲料》（GB/T 22544），行业标准《鸡饲养标准》（NY/T 33）和《肉用仔鸡、产蛋鸡浓缩饲料和微量元素预混合饲料》（NY/T 903），以及团体标准《蛋鸡、肉鸡配合饲料》（T/CFIAS 002）等。

在质量控制方面，有《蛋鸡饲养HACCP管理技术规范》（NY/T 1338）、《无公害农产品 生产质量安全控制技术规范　第11部分：鲜禽蛋》（NY/T 2798.11）、《包装鸡蛋》（GB/T 39438）等。

在鸡蛋产品安全标准方面更加严格，而且都是强制性国家标准，还会根据风险评估结果动态修订。涉及鸡蛋产品的强制性标准有《食品中兽药最大残留限量》（GB 31650）、《食品中农药最大残留限量》（GB 2763）、《食品中污染物限量》（GB 2762）等。

另外，为了树立品牌、提升影响力，确保鸡蛋产品安全和品质，许多大企业还制定了系列企业标准，这些标准的技术参数比国家标准、行业标准和地方标准还要高。

15 养殖场如何保证安全放心蛋的生产

鸡蛋安全生产是一个系统工程，环环相扣，放心蛋要靠全产业链的安全控制来保障。

一是场址选择必须符合《动物防疫法》《畜牧法》等法律法规对养殖场区选址的要求，且符合当地区划，不对居民生活环境造成影响，还必须考虑到蛋鸡养殖的生物安全和蛋鸡产品的生产安全。

二是投入品必须安全使用，鸡饮用水要达到《无公害食品　畜禽饮用水水质》标准要求，饲料必须达到《饲料卫生标准》要求，杜绝使用禁用药物和违禁添加物，并严格执行休药期规定。

三是做好日常卫生和防疫，定期带鸡消毒，及时注射疫苗，提高鸡群抵抗力，降低疫病发生风险。

四是严格的日常管理，合理控制光照、温湿度、通风等条件，减少鸡群应激，营造舒适的产蛋环境。

五是及时将所产鸡蛋收集、清洗、消毒、冷藏，品牌鸡蛋还必须打码封装。

六是做好运输销售管理，根据不同的距离和交通条件选择不同的运输方式，尽量缩短运输时间。执行先产先出的销售原则，在鸡蛋保存有效期内尽快把鸡蛋销售出去。

相对而言，规模化标准养殖企业由于管理先进、技术水平高、品控措施严、品牌意识强，其生产的鸡蛋质量安全性比散养户生产的更有保障。

鸡蛋安全生产示例

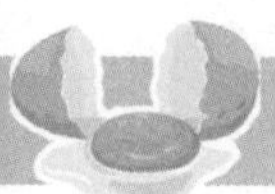

16 鸡蛋包装前需要做哪些检查和处理

在规模化养殖场鸡蛋装盒前，一般需要进行的处理有：

清洗 去掉蛋壳表面的粉尘、羽毛、粪便；

风干 用干热风吹干残留水分；

涂油 清洗会洗掉蛋壳表面的保护膜，因此需再用食品级白石蜡油或类似原料，在蛋壳表面重新形成一层油脂保护层，避免微生物侵入鸡蛋内部；

杀菌 使用紫外线灯对滚动的鸡蛋进行照射，尽可能减少鸡蛋表面的微生物；

裂纹检测 包括人工镜检和设备敲击两道工序，人工镜检剔除破损比较严重的鸡蛋，设备检测可以剔除轻微裂纹鸡蛋；

透光检查 检测鸡蛋内是否有血斑、肉斑；

喷码 给每一枚鸡蛋喷涂自己的身份标识；

蛋壳分色 按蛋壳颜色进行分级，使每个包装盒内的鸡蛋尽可能外观一致；

称重 用电子秤称取每一枚鸡蛋的重量；

分级 按蛋壳颜色和重量将鸡蛋分别送到不同的包装通道中；

包装 装盒、封盒、打印包装日期、装箱、码垛。

在实际生产中，不同厂家会有不同调整。

国内顶尖鸡蛋分级机，每小时分装鸡蛋36000枚

17 鸡蛋的“出生证明”是什么

为了确保鸡蛋产品质量的可追溯，欧美等国家和地区很早就规定必须在蛋壳表面喷涂养殖场代码。目前我国还没有强制规定，但一些大型养殖场主动开展了这项工作，如德青源、正大集团等推行“鸡蛋身份证”制度，在蛋壳表面使用可食用的墨水喷涂商标、生产日期和防伪追溯码，让消费者在享用美味鸡蛋的同时，能清楚了解每枚鸡蛋的具体信息。

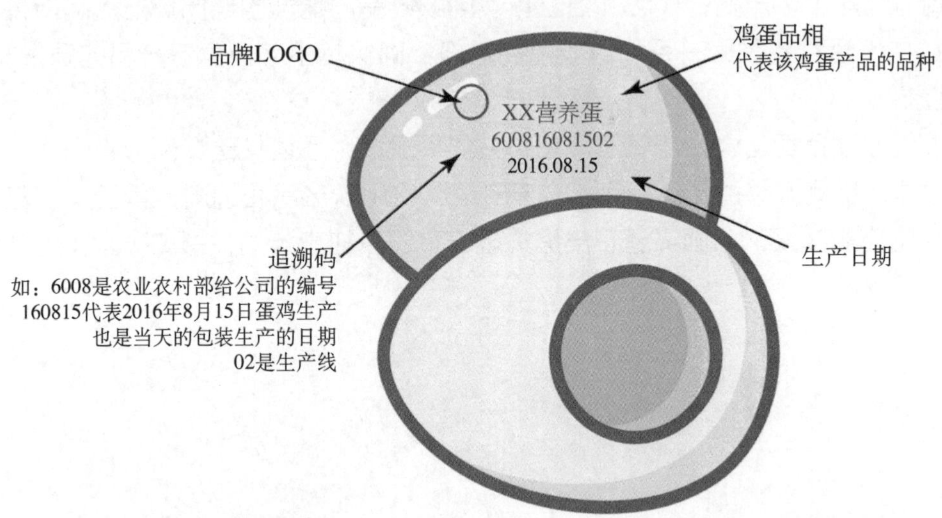

18 政府如何管理鸡蛋生产

为了让老百姓吃得放心，政府高度重视食用农产品安全。在2013年12月中央农村工作会议上，习近平总书记对农产品和食品质量安全发出了最强音，能不能在食品安全上给老百姓一个满意的交代，是对我们执政能力的重大考验；要用最严谨的标准、最严格的监管、最严厉的处罚、最严肃的问责，确保人民群众“舌尖上的安全”。

法律法规更加严明。2015年10月，我国颁布实施了新修订的《食品安全法》，共10章154条，明确了危害食品安全的行为就是犯罪，要入刑坐牢，被称为“史上最严的食品安全法”。2019年10月，国务院颁布新修订的《食品安全法实施条例》。同时，本着四个“最严”、一个“确保”的要求，《农产品质量安全法》也正在修订。

食用农产品安全责任界定更加清楚。地方政府负总责，党政同责，监管部门各负其责，企业是第一责任人。农业农村部负责食用农产品进入批发、零售市场或生产加工企业前的质量安全监管，之后由食品药品管理部门负责，避免了“九龙治水”的局面。

实行产地追溯和市场准入制度。食品安全监管重要的是要知道是谁生产的，找到责任主体。为此，农业农村部建立了国家农产品质量安全追溯管理信息平台。目前，追溯平台已注册生产经营主体1万多家、监管机构2000多个、检测机构和执法机构1200多家，上传数据5万多条。同时借鉴工业产品的理念，建立了食用农产品产地准出与市场准入相衔接的合格证制度，推动生产经营者采取一系列质量控制措施，确保其生产经营农产品的质量安全，形成有效的倒逼机制。

食品安全监管力度持续加大。加强农产品质检体系建设，各地共建设部、省、地、县质检机构3000多家，检测人员达到3万多人。建立了以食用农产品和饲料、兽药、农药等投入品为重点的全国监测制度，全面实施农产品质量安全监督抽查计划，形成了全国性质量安全监测网络。

第三部分　清清楚楚消费蛋

俗话说无蛋不成肴。禽蛋是个好东西，好食材需要科学的认知、健康的消费，才能有美味的激发和文化的传承。特别是在当下老百姓高度关注食品安全的时代，普及科学消费尤为重要。那么，如何科学消费、健康消费鸡蛋呢？这里会给你解开一些疑惑。

01 什么样的鸡蛋是好鸡蛋

看品牌 大企业，把关严，全程把控保安全，让您吃上放心蛋。

看外观 好鸡蛋，椭圆形，一端尖，一端钝，表面净，无脏物，色泽匀，无暗斑。

看内在 一枚鸡蛋好不好，要看蛋黄和蛋白，蛋黄凸起成球状，周围包裹浓蛋白，浓稀蛋白界分明，才是真的好鸡蛋。

看沉浮 取枚鸡蛋放水中，新鲜鸡蛋沉水中，不新不旧浮水中，浮在上面是坏蛋。

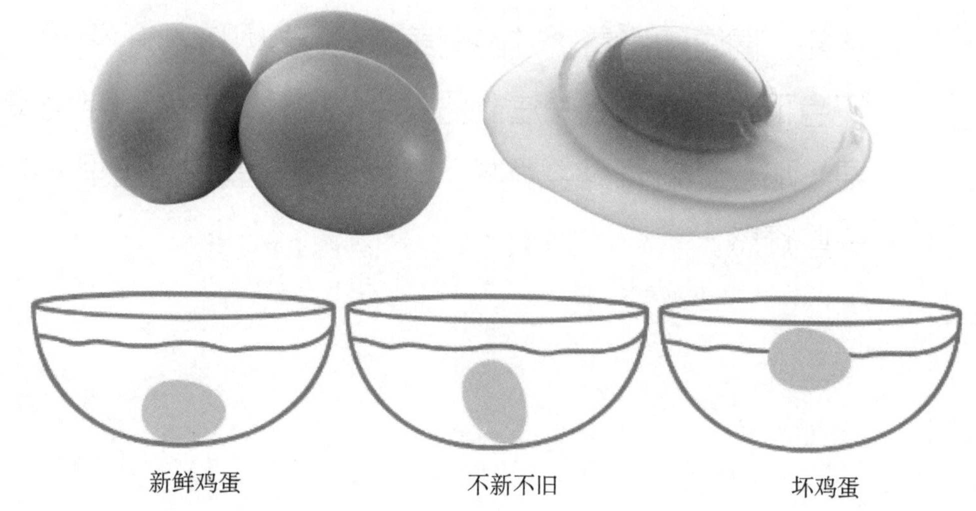

02 目前市场上售卖的鸡蛋安全吗

当前鸡蛋是安全还是不安全的，国际上通行做法是用标准来评判，只要药物残留等安全卫生指标低于标准规定，鸡蛋就是安全的，就可以放心吃。那么，标准又是如何规定的呢？对鸡蛋中抗生素残留等的安全限量，国际食品法典委员会（CAC），美国、欧洲等国际组织和发达国家及地区都制定了最高残留限量标准。1999年，我国就颁布实施了《动物性食品

中兽药最高残留限量》标准，并陆续进行了修订和补充，如农业部公告第193号、235号、278号、560号等文件，近期农业农村部又颁布实施了《食品安全国家标准　食品中兽药最大残留限量》(GB 31650—2019)。经比对，我国规定禽蛋中有最大残留限量的兽药种类达19种，仅比澳大利亚少1种，比欧盟的规定多4种，比CAC多9种，而美国和加拿大规定的更少，分别为8种和5种。由此可见，我国禽蛋残留安全指标比欧美发达国家地区规定的要多。从具体指标看，我国制定的禽蛋兽药残留限量标准基本与欧盟一致，但欧盟没有制定杆菌肽、洛克沙胂等5种兽药的残留限量值，对恶喹酸、大观霉素等兽药残留限量，我国最大限量值与CAC和美国的一样。综上来看，我国禽蛋兽药残留限量标准是与国际接轨的，蛋鸡安全卫生标准与发达国家在主要指标参数上没有明显区别，有的指标还严于发达国家。

近年来，特别是十八大以来，我国加大了对鸡蛋等老百姓菜篮子产品的监测力度，鸡蛋的总体抽检合格率稳定在97%以上，质量安全形势持续向好。大家可以放心吃！当然，也不排除有个别养殖户不按规定使用兽药，甚至违法使用禁用药物，生产并出售不合格鸡蛋。对于这些不法分子，执法部门也将严厉打击，绝不姑息。

03 土鸡蛋真的更营养更安全吗

“散养土鸡蛋”和“养殖场饲料鸡蛋”哪个营养价值更高？

□ 土鸡蛋

□ 养殖场饲料鸡蛋

□ 差异不大

肯定有很多人会选择散养土鸡蛋。在传统认知中，土鸡蛋、柴鸡蛋、笨鸡蛋等是母鸡在林下养殖、树上栖息、土中刨食、草中吃虫等散养状态下产的蛋，比工厂化生产的普通鸡蛋更营养、更安全。事实果真如此吗？

专家告诉你：错了！

散养鸡产的所谓“土鸡蛋”并不代表更安全、更营养。在散养条件下，养殖环境卫生状况不可控，母鸡很容易采食环境中有毒有害物质，如农药、工业垃圾等，并富集到鸡蛋里，进而影响鸡蛋的安全性；另外，散养母鸡吃的“东西”，未经过科学搭配，营养不均衡，影响蛋鸡产蛋性能。而且，目前还没有国家标准和行业标准明确规定什么样的鸡蛋是土鸡蛋。

那什么是决定鸡蛋营养价值和品质的关键？世界家禽学会主席、国家现代蛋鸡产业技术体系首席科学家、中国农业大学杨宁教授表示，母鸡吃得好、吃得健康、吃得营养，产的蛋才好。也就是说，母鸡食源才是决定鸡蛋营养品质的关键因素。在标准化、规模化条件下养殖的蛋鸡，吃得营养均衡，产的蛋的品质才更有保障。

就营养价值来说，“散养土鸡蛋”与“养殖场饲料鸡蛋”之间的差异是不大的。养殖场里的鸡所吃的饲料都是经过科学配比的，营养素含量全面均衡，因此产出的蛋中，铁、钙、镁等矿物质元素的含量一般要高于“土鸡蛋”。土鸡由于是散养，养分积累周期长，下的蛋脂肪含量较高，因此，吃起来口感“更香”。另外，养殖场里鸡吃的饲料中添加了一定量膳食纤维，因而蛋黄中的胆固醇和脂肪含量一般会低于“土鸡蛋”。

蛋鸡饲料科学配比，营养全面

04 “毛鸡蛋”“活珠子”更有营养吗

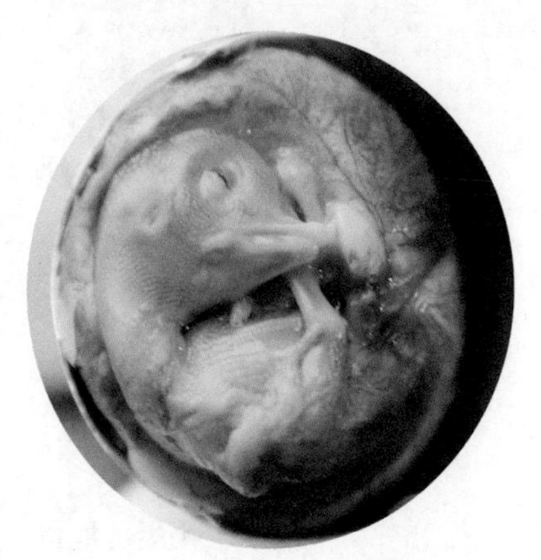

毛鸡蛋和活珠子是有区别的。毛鸡蛋也称旺鸡蛋，是孵化期间因各种因素导致胚胎发育停止，死于蛋壳内尚未成熟的鸡胚。很多人认为吃毛鸡蛋对健康不利。一是因为鸡胚停止发育很大一部分原因是感染了细菌、病毒等微生物，本身就不健康。二是因为多数毛鸡蛋蛋壳已破裂，很容易被细菌污染，如果食用会有损健康。

活珠子是特指孵化到12天左右人为终止发育的已经有了头、翅膀、脚的胚蛋，因其发育中囊胚在透视状态下形如活动的珍珠，故称活珠子。与鸡蛋相比，活珠子味道更加鲜美，含有10种必需氨基酸和多种激素，牛磺酸增加近20倍，钙增加6倍多，其他营养成分均有显著提高。活珠子是民间传统食补珍品，《本草纲目》记载鸡胚蛋有治头痛，偏头痛，头疯疾及四肢疯瘴之功能。不过，活珠子中激素等物质水平呈明显上升趋势，不宜多食用。

05 鸡蛋、鸭蛋、鹅蛋、鹌鹑蛋、鸽蛋，哪个更有营养

决定禽蛋营养价值高低的主要是营养素，我们从禽蛋中获取的主要营养素是优质蛋白质，在这方面，鸡蛋、鸭蛋、鹅蛋、鹌鹑蛋、鸽蛋每100克可食部能提供的蛋白质分别为13.3克、12.6克、11.1克、12.8克、10.8克。可以看到，鸡蛋里的蛋白质含量相对高一些，鸽蛋的蛋白质含量要低些，但差别不大。

相对而言，不同禽蛋的胆固醇含量有些差异，鹌鹑蛋和鸽蛋低一些，每100克可食部约含有500毫克胆固醇；鹅蛋含量相对较高，约为700毫克；鸡蛋和鸭蛋胆固醇含量居中，约580毫克。不过，随着饲料配方的调整优化和优质谷物的大量使用，各种蛋中的胆固醇含量

在不断降低。从其他营养素含量看，不同禽蛋有所区别。相对来说，鹌鹑蛋中维生素A含量较高，鸽蛋中钙和铁含量高，而鸭蛋中锌、磷和维生素E含量高些。《中国居民膳食指南（2016）》推荐每人每天吃蛋类50克左右。按此标准测算，无论吃哪种蛋，尽管获得的矿物质和维生素量有差异，但这些蛋只能满足人体的一小部分营养需要，对满足总的营养需求影响不大。如果是吃某一营养素的富集蛋，如富叶酸蛋、富ω-3蛋等，从中摄取的营养素数量则另当别论。

因此，从营养成分来分析，各种蛋并没有太大的差距，各有各的优势。

鸡蛋、鸭蛋、鹅蛋、鹌鹑蛋、鸽蛋主要营养素含量对比（每100克可食部）

食物名称	鸡蛋	鸭蛋	鹅蛋	鹌鹑蛋	鸽蛋
能量（千卡）	144	180	196	160	170
蛋白质（克）	13.3	12.6	11.1	12.8	10.8
脂肪（克）	8.8	13.0	15.6	11.1	16
胆固醇（毫克）	585	565	704	515	480
钙（毫克）	56	62	34	47	100
铁（毫克）	2.0	2.9	4.1	3.2	4.1
锌（毫克）	1.1	1.67	1.43	1.61	1.62
硒（微克）	14.3	15.6	27.2	25.4	18.66
磷（微克）	130	226	130	180	210
维生素A（视黄醇当量）	234	261	192	337	330
维生素E（毫克）	1.84	4.98	4.5	3.08	3
维生素B_1（毫克）	0.11	0.17	0.08	0.11	0.08
维生素B_2（毫克）	0.27	0.35	0.30	0.49	0.07

注：数据来源《中国食物成分表2009》。

06 如何辨别优劣皮蛋

一掂 将皮蛋放在手掌中轻掂，品质好的皮蛋有弹性、颤动大，无颤动感的皮蛋品质一般不太好。

二摇 捏住皮蛋放在耳边摇动几次，听是否有响声，好皮蛋一般没有响声，劣质皮蛋会有响声。

三看 皮蛋外壳呈灰白色，无黑斑者为上品。在灯光下透视，蛋内大部分呈黑色或褐色，小部分呈黄色或浅红色的为优质蛋。若大部分或全部呈褐色透明体并有水泡阴影来回转动，则为劣质蛋。皮蛋若腌制得好，蛋清弹性较大，呈茶褐色，并有松枝花纹；蛋黄外围呈黑绿色或蓝黑色，蛋黄中心呈橘红色。

07 鸽蛋为什么价格高

首先，鸽蛋生产成本高，一只母鸽平均 10～15 天可以产 2 枚蛋，母鸡一天可以产 1 枚蛋，而鸽子的采食量只是蛋鸡的 1/3，可见鸽蛋的生产成本更高。其次，鸽蛋壳较薄，在生产和运输过程中破损率较高，间接地拉高了其售价。另外，鸽子在我国长期作为特禽范畴养殖，养

殖数量较少，每年上市的鸽蛋也就6亿枚左右，而市场需求量却连年上升，供求关系不平衡。最后就其营养价值来看，鸽蛋也较好于鸡蛋，每100克鸽蛋的胆固醇含量稍低于鸡蛋，钙、铁、锌等营养元素稍高于鸡蛋，但整体差别不是很大。多方面原因的叠加导致鸽蛋价格高。

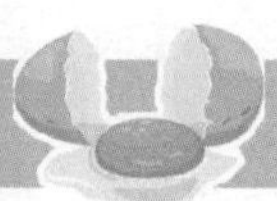

08 鸽蛋为什么保存期短

这主要是因为鸽蛋壳薄。鸽蛋壳厚度约为0.24毫米，而鸡蛋为0.42毫米左右；蛋壳强度鸡蛋约是鸽蛋的4倍；鸽蛋壳表面的空隙面积和数量也高于鸡蛋。蛋壳薄且孔隙大，则环境中的水汽、霉菌、微生物就更容易通过蛋壳孔隙进入蛋内，蛋内的水分也更容易挥发到蛋外，所以鸽蛋的保存期相对较短。在低温冷藏条件下，鸽蛋可以保存4周。

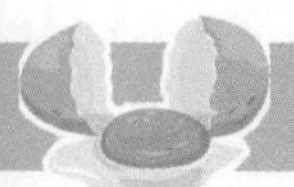

09 新鲜鸡蛋如何保存

放置鸡蛋时应该大头朝上 随着蛋中水分和二氧化碳的挥发，鸡蛋内部会形成气室。气室通常在鸡蛋的大头部位，大头向上摆放能提高鸡蛋内部的稳定性，使得蛋黄不会贴近蛋壳，有利于保证蛋品的质量。

存储前不要用水洗 鸡蛋壳表面有一层薄薄的膜，一方面可以阻挡外面的细菌进入鸡蛋内部，另一方面可以保持鸡蛋内部的水分不会流失，从而保持鸡蛋的新鲜度，保留鸡蛋中的营养物质。

注意与有异味的食物隔离 蛋壳上面布满微小的通气孔，会与外界交换空气，如果把鸡蛋与香椿、韭菜、大蒜等味道比较重的食材放在一起，既容易让鸡蛋串味，也容易使鸡蛋变质。

注意鸡蛋保存时间 鸡蛋适宜保存在阴凉、通风、干燥及卫生的环境下。在20℃环境下鸡蛋的保质期为45天，在0 ~ 4℃的环境下鸡蛋可保存60天以上。因此，购买时要考虑用量和存储条件适量购买。

不要放在冰箱的冷冻室里 鸡蛋只能放在冰箱的冷藏室，鸡蛋冷冻，蛋黄会凝固变胶状，影响鸡蛋食用的口感。另外，从冰箱中取出的鲜蛋要尽快食用，尽量不要再次冷藏。

10 食用鹌鹑蛋会引起面部长斑吗

鹌鹑蛋表面的斑点是天然的色素，并不会穿过内壳膜进入蛋内部，所以食用鹌鹑蛋不会导人致脸上长斑。

11 胆固醇高的人到底能不能吃蛋黄

一提到蛋黄，很多消费者都会想到胆固醇，望而生畏。“三高”人群更是谈“蛋”色变，觉得蛋黄会增加血液胆固醇水平，增加心血管疾病风险。蛋黄真的这么可怕吗？

其实，人体中的胆固醇并不都是吃进去的，近75%是肝脏自身合成的，只有约25%是从食物中摄入的。血胆固醇的高低与摄入胆固醇总量并没有太大关系。更何况，机体的正常运行也离不开适量的胆固醇。北京大学的李立明教授通过对中国5个农村和5个城市地区的512891名对象（30～79岁）进行9年调查和随访，发现每天吃1枚鸡蛋的人比从来不吃蛋或者很少吃蛋的人，心血管疾病的发病率更低。研究证实，蛋黄中虽含有较多的胆固醇，但也含有丰富的卵磷脂。卵磷脂进入血液后，会使胆固醇和脂肪的颗粒变小，并使之保持悬浮状态，从而阻止胆固醇和脂肪在血管壁的沉积。因此，对于健康群体，每天吃1枚鸡蛋，不会显著升高血液中的胆固醇，也不会造成血管硬化。

目前，最新版的中国居民膳食指南已经剔除每日不应摄取多于300毫克胆固醇的限量，取消了长久以来食用鸡蛋会导致高胆固醇、心血管疾病等说法。鸡蛋的营养价值非常高，而且其营养很容易被人体吸收，对于心血管疾病患者来说，每天吃1枚鸡蛋是不会对身体健康产生危害的。事实上，血液中胆固醇含量与摄入脂肪量及身体活动量的关系更大，也就是说，控制人体血液中胆固醇含量最好的方式是"管住嘴、迈开腿、多锻炼"。

12 鸡蛋可不可以生食

鸡蛋是可以生食的，但最好不要生食。一是生食不卫生，鸡蛋里可能带有细菌、病毒、寄生虫等微生物，一些微生物还会通过蛋壳毛细孔进入蛋内；而且，在打开生蛋的过程中，

蛋壳外的微生物容易污染无菌的蛋液，生食存在风险；蛋内细菌繁殖使蛋内容物变质，生食容易感染沙门氏菌，引起食物中毒。二是生食鸡蛋蛋白质不易消化，鸡蛋中含有抗胰蛋白酶的卵类黏蛋白，生食时蛋白质无法被人体消化吸收，浪费应有的营养价值。三是鸡蛋生食会导致人体生物素缺失，鸡蛋中含有抗生物素蛋白，可以和人体生物素反应，生成难以被人体消化的物质，导致人体生物素缺失，进而影响人体对其他营养物质的消化。四是鸡蛋生食会增加肝脏负担，未经消化的蛋白质进入消化道，会产生有毒物质，这些有毒物质除经粪便排出体外，一部分需由肝脏进行解毒处理增加了肝脏负担。五是生食鸡蛋会影响人的食欲，鸡蛋具有腥味，有些人会不习惯。如想尝试生食鸡蛋，一定要注意购买正规品牌、新鲜的蛋，且不要多食。

13 溏心蛋安全有营养吗

很多消费者都对日式拉面中的溏心蛋那种软嫩滑动的口感爱不释口，却又担心“半生不熟”的鸡蛋会不会有细菌。那我们就一起了解一下溏心蛋。

溏心蛋到底安不安全？溏心蛋的安全问题主要是消费者担心加热温度不够，不能杀灭沙门氏菌等致病微生物和禽流感病毒。鸡蛋壳上常常会污染沙门氏菌，在禽流感病毒流行季节，也有可能沾上病毒。虽然在70℃以下的时候，蛋清可以凝固，但细菌不一定被充分杀灭，除非时间比较长。那另外一个问题，溏心蛋有没有营养呢？

众所周知，鸡蛋只有熟吃才能充分吸收其中的营养成分。不过这里面有个小插曲，鸡蛋熟透营养才更容易吸收主要说的是蛋清，生的蛋清中所含有的蛋白酶抑制剂会妨碍人体消化鸡蛋中的优质蛋白质，当加热温度在60℃且保持几分钟，蛋清中的蛋白质就会缓慢地凝固，蛋白酶抑制剂成分就会失活，鸡蛋的营养就可以被人体消化吸收。其实，蛋黄中妨碍消化吸

收的因素非常少，所以理论上说，只要蛋白凝固，即使蛋黄不完全凝固也不妨碍鸡蛋的营养被人体吸收。

蛋黄比蛋清的凝固温度高，要到70℃以上才能缓慢凝固，所以在加热过程中会出现蛋清凝固，蛋黄还没有凝固的阶段，这个阶段也就是溏心蛋了。

总之，溏心蛋可以吃，但要选择正规厂家的鸡蛋。

14 鸡蛋不宜与哪些食物同食

糖 很多地方有吃糖水荷包蛋的习惯，其实，糖会使鸡蛋蛋白质中的氨基酸形成果糖基赖氨酸的结合物，这种物质不易被人体吸收，不利于身体健康。

柿子 这两种食物同时吃可能引起上吐下泻、腹痛等急性胃肠炎症状。

牛奶 鸡蛋中含有的某些蛋白质会和牛奶中某些营养成分发生反应而影响其营养价值。最好能够中间间隔一段时间。

兔肉 兔肉性味甘寒酸冷，而鸡蛋也属于甘平微寒之物，二者都含有一些生物活性物质，共吃会发生反应，刺激肠胃，导致腹泻。

消炎药 鸡蛋富含蛋白质，炎症发作时要特别注意减少蛋白质的摄入。也不要在吃鸡蛋后吃药，特别是消化道疾病发作时更加不能吃鸡蛋。

15 不同年龄段的人，如何科学食用鸡蛋

《中国居民膳食指南（2016）》推荐，我国成人平均每天蛋类摄入量40～50克，也就是说每天一枚鸡蛋，从营养学的观点看，为了保证膳食平衡、满足人体需要，又不致营养过剩，不同年龄段的人，食用鸡蛋的量也不同。

新生儿消化能力较弱，且蛋黄本身是致敏因素之一，因此，6个月前的新生儿不应食用蛋黄；7～9月龄的婴儿可自1/4个蛋黄逐渐增加至1个蛋黄；宝宝8个月前不宜吃蛋清，蛋清中的蛋白分子小，可以直接透过肠壁进入宝宝的血液中，易引起过敏反应。

1～2岁的婴幼儿，每天所需的蛋白质含量在40克左右，除日常食物外，每天可添加一枚或一枚半的鸡蛋。蒸鸡蛋羹和蛋花汤这两种做法能使蛋白质松解，很容易被消化吸收。

少年儿童生长发育快，每天应吃2～3枚鸡蛋。

中青年人、从事脑力劳动或轻体力劳动者，每天可吃2枚鸡蛋。

从事重体力劳动、营养消耗较多者，每天可吃2～3枚鸡蛋。

正常的老年人每天可吃1～2枚鸡蛋。

孕妇、产妇、身体虚弱者以及术后恢复期的病人，需要增加优良蛋白质，每天可吃3～4枚鸡蛋。

16 健身人士如何科学吃蛋

现在越来越多的人热衷于健身，锻炼完后补充蛋白质已成为健身人士的共识。这是因为健身运动过程中，身体蛋白质分解代谢增加，尿液及汗液中的氮排出增加，甚至出现负氮平衡。运动过后恢复期身体蛋白质的合成代谢增强，如果蛋白质补充不足，有可能影响运动损伤的修复，不利于增肌的需求，于是，很多人选择用蛋白粉来补充蛋白质。蛋白粉是提纯了的大豆蛋白、酪蛋白、乳清蛋白的粉剂或上述几种蛋白组合体构成的粉剂，市场售价较高。

其实对健身者来说，鸡蛋是非常有效的营养补充食品，既能达到补充蛋白质的效果，价格还较低，且热量也很低，可谓是物美价廉。此外，鸡蛋中的钙、磷、铁和维生素A、B族维生素的含量很高，这些营养成分都有助于肌肉的增长。

17 减肥人群如何科学吃蛋

鸡蛋是减肥食谱中必不可少的食物，原因有三：

一是鸡蛋可以提供丰富的优质蛋白质 首先，人在饥饿减肥，或者拼命运动但饮食中营养供应不足的时候，身体不仅会分解脂肪，还会分解蛋白质。身体蛋白质少了，基础代谢率就必然下降。这时候，吃同样的食物，身体日常消耗的能量下降，会让人比从前更容易肥胖。

二是鸡蛋中的营养素可以帮助减肥 减肥主要是减少身体脂肪，鸡蛋中的脂肪含量较低，减肥期间吃鸡蛋有助于控制脂肪总量的摄入。鸡蛋中还富含维生素B_1，维生素B_1能帮助消化，辅助减肥。

三是鸡蛋可以维持饱腹感利于控制饮食 在减肥期间，食物总量摄入减少，经常会感觉饥肠辘辘，想吃东西。所以减肥期间吃鸡蛋可以维持饱腹感，减少进食的欲望。

第四部分　蛋品美味

好食材要配上好的烹饪手艺。蒸、煮、煎、炸、腌、卤、炒、烤等十八般厨艺在鸡蛋上表现得淋漓尽致。如何烹饪出色、香、味、形俱佳的蛋品美味，本部分将带你进入蛋品嘉年华。

01 荷包蛋

食材 鸡蛋、植物油、食盐、黑胡椒碎

做法 加热平底锅至七八成热，倒入冷油加热至油面微微抖动。将鸡蛋打入碗内，再在较低的高度下滑入平底锅，轻轻晃动。小火煎制二三分钟，鸡蛋边缘出现金棕色时，撒入适量食盐和黑胡椒碎即可。

如果想尝试豪华版的高配荷包蛋，可以配上不同的酱汁，比如茄汁风味、鱼香风味、糖醋风味以及麻婆风味的调味汁，也可以搭配其他食材，会更具地方特色，如荷包蛋煮黄鸭叫、水波蛋、班尼迪克蛋等。

专家点评 用小火，少放油。如果把蛋清煎的焦脆，会损失营养，最好只煎一面，蛋清凝固即可。

02 蒸蛋

食材：鲜鸡蛋、虾仁、鲜香菇、秋葵、味淋、日式淡口酱油、木鱼花

做法：将木鱼花放入冷水中煮沸，捞出木鱼花，留水备用。香菇、秋葵切片备用，虾仁焯熟备用，鸡蛋磕入碗中，加入微温的木鱼花水打散搅匀，调入味淋和酱油，搅匀后过筛，以使蛋羹口感更细腻。在碗底放一枚虾仁，倒入蛋液，再放入一片蘑菇、适量秋葵片，覆保鲜膜中火蒸约 6 分钟，熄火后焖 4 分钟即可。

专家点评：打散鸡蛋时不要用力搅拌，也不要在搅拌时加入油或盐，这样易使蛋胶质受到破坏，蒸出来的蛋羹口感不好。蒸蛋羹时加入少许牛奶，能让其口感更嫩滑，营养也更丰富。

03 茶叶蛋

食材：鲜鸡蛋、茶叶、冰糖、酱油、食盐、八角、桂皮、陈皮、五香粉

做法：准备好各种辅料食材，最好选用比较老的红茶煮蛋，香浓而不苦涩，色泽均匀、茶香浓郁；多加一点五香粉，可使其更入味。

把清洗干净的鸡蛋在冷水锅中煮约8分钟，锅中加入少许盐可加速蛋白凝固、避免鸡蛋炸裂。煮好后捞出沥干，过冷水。用勺子在蛋壳敲出小裂缝以便入味，还可以把鸡蛋装入有盖大容器里，用力摇碎蛋壳。锅内加入适量水和各种辅料，先大火煮沸，制作好茶叶蛋卤汁，再放入鸡蛋小火熬煮。注意卤水一定要漫过鸡蛋。煮好的茶叶蛋不要立刻拿出，继续浸泡二三个小时，以待充分入味。

专家点评：茶叶蛋煮制时间不宜过长，以防胆固醇氧化程度过高，降低鸡蛋的整体营养价值。加入茶叶，可提供茶多酚等抗氧化物质，降低茶叶蛋的氧化程度。

04 虎皮蛋

食材：鲜鸡蛋、白糖、盐、生抽、老抽、蚝油、姜片、八角、干辣椒、植物油

做法：鸡蛋煮好剥壳，蛋清表面划五大刀，易于入味。锅内加油烧至七成热，放入鸡蛋炸至金黄捞出沥油。锅内依次加入干辣椒、生姜、八角、老抽、生抽、白糖、蚝油、盐和水，大火烧开调味汁，加入炸过的鸡蛋，小火烧制约20分钟，收汁装盘即可。

专家点评：白煮蛋要晾干或吸干表面水分再下锅油炸，以免溅出油滴。高温油炸易诱发致癌风险，建议降低油温，也可在油炸后加入食醋浸泡，搭配蒜头一同食用。

05 三不粘

食材：鲜鸡蛋、绵白糖、植物油、绿豆淀粉

做法：取蛋黄打散，加入绵白糖搅匀，绿豆淀粉和水按照1：2的比例混合均匀，倒入上述蛋黄液中，搅拌均匀并过滤备用。将锅大火烧热，加入适量植物油，倒入混合的蛋黄液，小火不停翻炒，并视混合状态少量多次加油，炒至浓稠成型不粘锅即可。

专家点评：由于炒制时不粘锅、勺，盛时不粘碟、筷，吃时不粘牙，故名“三不粘”。这道菜对厨师的臂力要求比较高，一手加油一手不停搅拌，需要搅拌400余次，约10分钟，才能使蛋黄与油脂融为一体。

06 鸡蛋松

食材：鲜鸡蛋、食盐、白糖、鸡粉、料酒、植物油

做法：鸡蛋打散，加入适量食盐、白糖、鸡粉、料酒等调味，搅打均匀备用。锅内烧热油至六七成热，用漏勺漏入混合好的蛋液，同时搅拌均匀，使蛋液分散成丝。炸制1分钟（视蛋丝粗细而定），即可捞出控油，用吸油纸吸去表面的油脂，即可装盘食用。

专家点评：油炸的方式做蛋松，吸油量会比较大，但是可以做出更弹韧的丝状。喜欢清淡一些的朋友，不妨用小火在锅内搅拌炒制，也可以炒出细碎的蛋松，再搭配肉冻拌入米饭，就是日式肉冻鸡蛋松盖饭了。

07 虾仁跑蛋

食材：鸡蛋、虾仁、食盐、料酒、白胡椒粉、生粉、小香葱、生姜、植物油

做法：鸡蛋打散，加入食盐、料酒、少量水淀粉搅匀备用。虾仁一部分留整个的，一部分切成丁，用少量料酒、葱段、姜片腌制片刻去腥。将腌制好的虾仁和蛋液混匀。平底锅烧热加油，倒入混合好的蛋液，均匀摊成一个蛋饼，不要翻动，待表面凝固翻面小火焙熟，即可出锅装盘。

专家点评：虾仁煮熟后表面红颜色的成分是虾青素，是一种抗氧化剂，颜色越深说明虾青素含量越高。烹饪之前可以给虾仁上浆，在表面能形成一层保护膜，就像给虾仁穿了一层“衣服”，使虾仁不与热油直接接触，可较大程度保持虾仁水分，使烹调后的虾仁饱满鲜嫩。

08 皮蛋豆腐

食材：皮蛋、豆腐、榨菜、蒜蓉、剁椒、香菜、白糖、食盐、醋、生抽、辣椒油

做法：将豆腐切成大小一致的块整齐码入盘中。皮蛋切丁，铺在豆腐上。将蒜蓉、白糖、食盐、醋、生抽、剁椒、辣椒油放入碗内，加适量冷开水调成汁，淋到摆放成型的皮蛋豆腐上，最后撒上香菜即可。

09 皮蛋瘦肉粥

食材：大米、皮蛋、猪瘦肉、生姜、小香葱、食盐、香油

做法：大米淘洗干净，加1.2倍的水和少量香油浸泡一夜，生姜去皮切细丝，小香葱切葱花，猪瘦肉切小丁，皮蛋切小丁备用。肉丁中撒适量食盐、料酒抓匀，腌制备用。锅中烧水至沸，加入肉丁焯熟，再加一半皮蛋丁和姜丝煮2～3分钟，加入泡好的大米和米汤混匀煮制，期间搅拌防止糊底（也可使用电饭煲的煮粥模式）。煮好后加适量食盐调味，再加入剩余的一半皮蛋丁搅匀，撒入小香葱花点缀即可食用。如果对皮蛋味道敏感，可以提前将皮蛋煮一下，加一点食盐和白醋去除腥味。

专家点评：皮蛋又称松花蛋，是一种中国特有的食品，有特殊风味，能促进食欲。《医林纂要》记载，它能"泻肺热、醒酒、去大肠火、治泻痢。能散、能敛"，民间常用来治疗咽喉痛、咽痛、声音嘶哑、便秘。

10 花好月圆

食材：鸽蛋、干贝、生姜、大葱、料酒、高汤（猪筒骨、老母鸡、火腿、生姜、大葱、料酒、食盐、鸡粉调味料、白胡椒粉）

做法：猪筒骨断开，老母鸡切块，锅内水烧沸，加入适量料酒，把筒骨和老母鸡焯水断生，冷却备用。火腿切片备用。大葱切段、生姜去皮切片备用。大锅冷水加入筒骨、鸡块、火腿片、葱段、姜片下锅烧汤，大火烧开后转小火，微沸即可，加入适量食盐、鸡粉、白胡椒粉调味，烧制5～6小时，过滤，去除浮油和渣滓，制成高汤。

干贝清水浸泡15分钟，使其吸水回软，轻轻清洗，去除边角老筋及泥沙，洗净后放入碗中，加适量姜片、葱段、料酒及水，水量稍没过干贝即可，大火蒸30分钟，涨发备用。

鸽蛋煮熟去皮，将鸽蛋和发好的干贝放入烧好的高汤中，再上火烧热即可。

11 扬州炒饭

食材：鸡蛋、米饭、青豆、胡萝卜、火腿、蒜、大葱、色拉油、食盐、鸡粉

做法：胡萝卜、火腿切小丁备用，葱、蒜切末备用，鸡蛋打散，放入少许葱末。锅内加少许色拉油烧至八成热，放入切好的胡萝卜丁、火腿丁、蒜末炒香，加入蛋液，大火炒至金黄色，装盘。锅中再放入少许色拉油烧至八成热，倒入米饭翻炒，并加少许食盐和鸡精，炒至米饭可在锅内蹦起，加入全部食材返锅炒拌，至饭粒松软不粘起锅即可。

专家点评：炒饭宜用冷饭或隔夜饭，米粒炒好后会粒粒干爽，口感甘香。新做的米饭口感黏软，可以放在冰箱里冻一下再炒。

12 鸡蛋灌饼

食材：鸡蛋、中筋面粉、低筋面粉、食盐、植物油、辣酱、生菜、黑胡椒粉

做法：100克中筋面粉加60克温水，搅拌均匀呈面絮状，揉成光滑的面团，醒发约30分钟。将植物油加热倒入低筋面粉中，混匀，作为油酥备用。鸡蛋打散，加入葱花、食盐、黑胡椒粉调味搅匀，放入小碗内备用。醒发好的面团揉搓均匀，揉成长条状，切分成均匀的面块。将面块擀成圆形，包入适量油酥，以包包子的方式收口后，静置5 ~ 10分钟再擀成圆饼，注意不要擀破，避免油酥漏出。锅内放少量植物油加热，至五成热时放入擀好的饼，煎至鼓泡，用筷子轻轻打开一个口，倒入调好的蛋液，压平，使蛋液分布均匀，煎至蛋液定型，可翻面煎另一面至熟。可根据个人口味刷酱料卷生菜。

专家点评：鸡蛋中蛋氨酸含量丰富，而谷类和豆类食品缺乏这种人体必需氨基酸，将鸡蛋与谷类或豆类食品混合食用，能明显提高此类食品的消化吸收率。

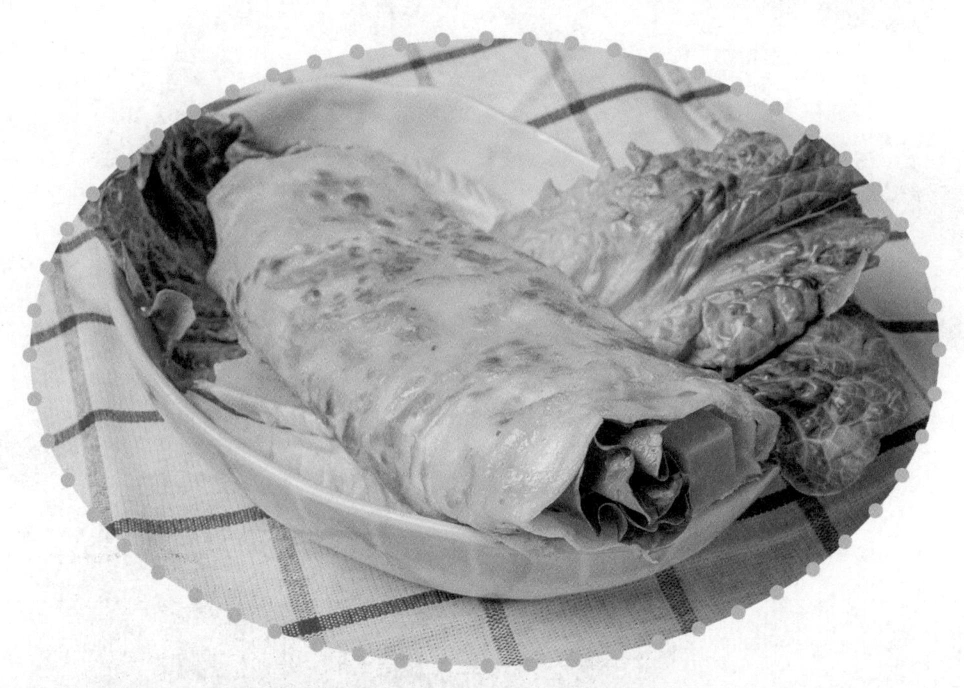

13 咸鸭蛋

食材：鸭蛋、食盐、生姜、花椒、干辣椒、八角、香叶、白酒

做法：洗净的鸭蛋用冷水浸泡30分钟备用。在沸水中加入八角、香叶、干辣椒、花椒和生姜片烧开，小火煮5分钟，煮出香味，加入食盐，溶解后关火放凉，滤出香料。擦干鸭蛋表面的水分并在通风处晾干。在腌制咸鸭蛋的容器中放入鸭蛋和调料水，调料水要没过鸭蛋。再加入一点高度白酒，密封腌制1个月即可。

专家点评：咸鸭蛋味甘、性凉，入心、肺、脾经，有滋阴、清肺、丰肌、泽肤、除热等功效。中医认为，咸鸭蛋清肺火、降阴火功能比未腌制的鸭蛋更胜一筹，煮食可治愈泻痢。

第五部分　蛋话乾坤

鸡蛋虽小，可话乾坤。鸡蛋有“五德食材”之美誉，盘古开天、玄鸟生商的美丽传说，春秋竖蛋、彩蛋复活等传统习俗，先有鸡还是先有蛋的千古之迷，名人经典佳作……一起来见识一下吧！

01 鸡蛋——“五德之食材”

古人云，鸡有“五德”，“头戴冠者，文也；足傅距者，武也；敌在前敢斗者，勇也；见食相告者，仁也；鸣不失时者，信也。”

鸡蛋也有“五德”。人们非常痴迷于鸡蛋的完美对称、美丽的外观、实用价值以及玄妙的象征意义。鸡蛋寓意着时间的起始、生命的源头，象征着智慧、力量、活力、繁衍、死亡和生命的轮回，体现了阴、阳在一个圆内的完美结合。蛋白代表着光明、雄性力量和天，蛋黄代表着黑暗、雌性力量和地，蛋壳代表着宇宙万象。这种阴阳结合使鸡蛋成为仁、义、礼、智、信的文化载体，故称之为“五德之食材”。

知识小雨点

每年10月的第二个星期五为“世界蛋品日”，这是世界蛋品协会于1999年决定的。2006年10月13日，“世界蛋品日”首次引入中国，旨在引导社会各界关注蛋品行业，重视蛋品安全。小小的鸡蛋有了自己的节日，对行业来说，是件值得高兴的事，应以此为契机，更好地促进蛋品消费，使我们国家的蛋品行业更好更快发展。

02 鸡蛋别名和历史演替

中医上讲，鸡蛋是扶助正气的食品。现代营养学家认为鸡蛋的营养成分全面均衡，是“人类理想的营养库”。中医医书当中多是以“鸡子”命名，此外许多方言还有“鸡卵”一称。“鸡子”“鸡卵”“鸡蛋”，其产生与发展其实经过了历史演替过程。

先秦两汉时期，表示“鸡产的卵”义只有“鸡卵”“鸡子”。“鸡卵”始见于战国末期，《吕氏春秋·明理》中有：“有豕生而弥，鸡卵多毈，有社迁处，有豕生狗”。“鸡子”始见于东汉，《汉书·天文志》中有：“四面或大如盂，或如鸡子，燿燿如雨下，至昏止”。这一时

期，二者使用都很少，总体“鸡子”使用较多，鸡子药用始于《神农本草经》，作为现存最早的中药学著作约起源于神农氏，代代口耳相传，于东汉时期集结整理成书。

东汉末年张仲景的《伤寒杂病论》方药齐备的260方中，食材类药物使用颇多，食材不仅在仲景诸方中发挥治疗或辅助治疗作用，也为后世食疗学的发展奠定了坚实的基础，如大枣、豆豉、赤小豆、粳米、粥、蜜、煮饼等，其中也有鸡子，而《伤寒杂病论》只用“鸡子”不用“鸡卵”，使用频次达19次，如“以水大升，先煮三味，取二升，去滓，内胶烊尽，小冷，内鸡子黄，搅令相得”“内半夏着苦酒中，以鸡子壳置刀环中，安火上，令三沸，去滓”。

东晋葛洪的《肘后方》所载有鸡子方，则很好地传承前人经验，也在一定程度上反映了魏晋南北朝时期鸡子在临床上药食同用的特点。《肘后方》全书八卷中应用全鸡子来治疗疾病的共有五卷，涉及“卒心痛方”“伤寒时气温病方”“卒风喑不得语方”“卒身面肿满方”“卒发黄疸诸黄病方”“面皰发秃身臭心鄙丑方”“卒中诸药毒救解方”等篇，主要为内科类方剂，对现代学者研究鸡子提供了宝贵的资源，也对传统中医学、药剂学有着深远的影响，非常值得我们去探究。

总体上，“鸡卵”使用频次少于“鸡子”，《本草纲目》云：“卵白，其气清，其性微寒；卵黄，其气浑，其性温。精不足者，补之以气，故卵白能清气，治伏热，目赤，咽痛诸疾。形不足者，补之以味，故卵黄能补血，治下痢，胎产诸疾”。又说：“鸡子黄，气味俱厚，故能补形，昔人谓其与阿胶同功，正此意也”。但史书中“鸡卵”使用较多，主要是由于史书在旧词使用上的延续性和新词使用上的保守性，尤其体现在“大如鸡卵”(偶尔用“大若鸡卵”“大者如鸡卵”)这一固定词组上。“大如鸡卵”往往是史书中用来形容自然灾害(如冰雹、流星、日中黑子等)的固定语。

对于“鸡蛋”一词的产生，“蛋”字是俗字，出现较晚，《字汇补·虫部》中有：“蛋，徒叹切，俗呼鸟卵为蛋。古作蜑”。鸟卵称之为“蛋”，始于宋代，不过最初是写作“弹”字。周密《武林旧事》卷六“蒸作从食”条，所记宋代临安的点心，其中有“鹅弹”一种，即指“鹅蛋”。“鸡蛋”一词始见于元代，但在元明戏曲中，如关汉卿的杂剧《金线池》、查德卿的小令《寄生草》等，都还是以“弹”作“蛋”，甚至到了明代，在相当时期内“弹”字仍处于主导地位，“蛋”字尚未能取而代之。如《金瓶梅》中二者同用，以“弹”为主，“哥，你说的有理。苍蝇不钻没缝的鸡弹！他怎的不寻我和谢子纯？”

明代以后，在小说、笔记等口语化色彩相对较强的作品中“鸡蛋”一词开始占主流，清代中期以后更为明显。在《金瓶梅》所处的明代中期这三个词使用频次基本还是持平的，但自清初《醒世姻缘传》开始，“鸡蛋”的使用逐渐占主流。可以这么认为，到《红楼梦》的时代，在“鸡卵”“鸡子”“鸡蛋”的历时替换中，“鸡蛋”获得了完全胜利。“你们就这么大胆子小看他，可是鸡蛋往石头上碰（《红楼梦》第55回）”，所以，我们现在看到的大多数古医书都是以“鸡子”来命名的，明清以后的医书才逐渐以“鸡蛋”命名，但大多都遵从古书。

03 情趣盎然的端午节吃蛋习俗

端午节起源于中国，最初为古代百越地区（长江中下游及以南一带）崇拜龙图腾的部族举行图腾祭祀的节日。后因战国时期的楚国诗人屈原在该日抱石跳汨罗江自尽，统治者为树立忠君爱国标签，将端午作为纪念屈原的节日，部分地区也有纪念伍子胥、曹娥等说法。

端午节又称端阳节、午日节、五月节等，时间为每年农历五月初五，习俗有吃粽子、赛龙舟，挂蒿草、菖蒲、艾叶、白芷，喝雄黄酒等。2006年5月20日，经国务院批准，端午节列入第一批国家级非物质文化遗产名录；2009年9月30日，成功入选世界非物质文化遗产名录。

很多地方端午节除了吃粽子外，蛋也是必不可少的。各地吃蛋习惯也不一样，比如，江西南昌地区吃茶叶蛋；河南、浙江等省农村吃蒜蛋；东北一带吃水煮蛋。

除此以外，还有吃盐蛋、皮蛋的。而且，在南方地区端午节这天还有“立蛋”的习俗，民间流传的美好传说，在端午这一天正午12点把鸡蛋立起来，许下的心愿一定会实现。

04 春分挑战“竖鸡蛋”

“春分到，蛋儿俏”的说法在我国已经流传了4000年。4000年前，华夏先民就开始以“春分竖蛋”的方式庆贺春天的来临。这个中国习俗也早已传到国外，成为“世界游戏”。之所以在春分这一天竖蛋，是因为春分是南北半球昼夜均等的日子，呈66.5°倾斜的地球地轴与地球绕太阳公转的轨道平面刚好处于一种力的相对平衡状态，同时地球的磁场也相对平衡，因此蛋的站立性最好，容易竖起。

竖蛋有个小诀窍：鸡蛋的表面高低不平，有许多突起的“小山”。“山”高0.03 毫米左右，“山峰”之间的距离在0.5 ~ 0.8 毫米之间。根据三点可以构成一个三角形和决定一个平面的道理，只要找到三个“小山”和由这三个“小山”构成的三角形，并使鸡蛋的重心线通过这个三角形，那么这个鸡蛋就能竖立起来了。竖蛋时可选择刚产下4 ~ 5天的新鲜鸡蛋，由于这种鸡蛋的蛋黄系带松弛，蛋黄下沉，重心下降，更有利于鸡蛋的竖立。

05 先有鸡还是先有蛋

鸡生蛋，蛋生鸡，生生不息。到底先有鸡还是先有蛋？这个问题在逻辑上似乎永远不会有答案。基督教认为鸡是在蛋之前出现的，但从科学上却给出了另一个答案。

我们先来看看蛋是何时出现的。据《动物志》记载，在距今3.1亿~ 3.2亿年前的古生代石炭纪中期，史前两栖类的一个分支演化出了最早的羊膜动物，称之为基础羊膜动物，这是一类小蜥蜴形状的动物，地球上存在过的所有爬行动物、鸟类和哺乳动物，都是这种“小蜥蜴”的后代。从那时起，地球上就有了蛋。

而最早的鸡形目鸟类化石发现于白垩纪晚期，距今大约有8500万年前。家鸡是原鸡驯化来的，大约有7400年历史。原鸡属于鸡形目—雉科—原鸡属，现生属一级的分类单元至多不过500万年历史，科一级的分类单元不过4000万年，而鸡形目也不过8500万年，与羊膜卵已有3亿多年历史相比实在小巫见大巫。

由于在没有鸡的远古时代，鸡的祖先就已经在下蛋了。因此可以肯定地说，必然是先有蛋后有鸡。对此，另一个明确的答案存在于食物历史中。为什么会有许多人认为蛋是先出现的？因为公元前5世纪，当鸡到达希腊和意大利时，人们就已经发现，鹅、鸭和珍珠鸡能够产蛋并且孵蛋了。英国作家兼诗人塞缪尔·巴特勒（1835—1902年）说过，“鸡只是蛋产生另一个蛋的方式”。还有一种解释是，一只鸡形成于蛋并从蛋里出生。因此，“没有鸡蛋，鸡就不可能存在”，这是一个令人信服的论据。

为了解决鸡和鸡蛋的争论，由诺丁汉大学遗传学专家约翰·布鲁克菲尔德教授组成的专家小组，以及伦敦国王学院的哲学家大卫·帕皮诺教授和家禽农场主查尔斯·波恩斯推断出先有蛋再有鸡。简单地说，遗传物质在动物的一生中是不会改变的。因此，大概在史前时代，进化成为我们称之为鸡的第一只鸟，必须先作为胚胎在蛋里面。波恩斯坚定地支持鸡蛋早于鸡，“鸡蛋早在第一只鸡到来之前就已经存在了，它们可能不是我们今天看到的鸡蛋，但它们是鸡蛋”。

06 鸡蛋神话与人类起源

在我国民间社会，很多民族都有生子送红蛋的习俗。这种将鸡蛋和小孩的出生、家族的传宗接代联系起来的传统习俗，与我国古代先民“卵生人”的信仰有着密切联系。

蛋与人类的起源——盘古开天。三国时期徐整在《三五历纪》中最早记述了人类始祖盘古氏开天辟地的“卵生”神话：天地浑沌如鸡子，盘古生其中，一万八千岁，天地开辟，阳清为天，阴浊为地。意思是说，天和地原来是统一的，像个鸡蛋一样，开天辟地的盘古就是在蛋中孕育而成。他在这个“大鸡蛋”中一直酣睡了约18000年后醒来，凭借着自己的神力把天地开辟出来了。他的左眼变成了太阳，右眼变成了月亮；头发和胡须变成了夜空的星星；他的身体变成了东、西、南、北四极和雄伟的三山五岳；血液变成了江河；牙齿、骨骼和骨髓变成了地下矿藏；皮肤和汗毛变成了大地上的草木；汗水变成了雨露；盘古的精灵魂魄也在他死后变成了人类。所以，传说人类是世上的万物之灵。

蛋与人类的起源——玄鸟生商。对于商人起源，则有“玄鸟生商”的传说。《诗经·商颂·玄鸟》中有“天命玄鸟，降而生商”的记载。《史记·殷本纪》中有：“殷契，母曰简狄，有娀氏之女，为帝喾次妃。三人行浴，见玄鸟坠其卵，简狄取吞之，因孕生契”。契即是商人始祖。古人把人类的先祖同燕子蛋联系在一起，可谓浪漫而传奇。这是人类最早见诸文字记载的蛋品文化史料。

《史记·秦本纪》也记载了关中秦人的起源，颛顼氏的孙女女修在织帛时，玄鸟陨卵，女修吞之，生子大业。大业是秦人始祖。

《全球蛋史》第六章中，先有鸡还是先有蛋记载，“鸡蛋的形状体现了生命的本质。从古代到现代，人们都相信鸡蛋具有神奇的功能，不仅有创造生命的力量，也能预测未来。鸡蛋象征着出生、长寿和不朽，被认为有确保生育的能力”。印度教经文中说，世界是从一个漂浮在混沌水域的天鹅产的蛋开始的。一年后，蛋分成金、银两半。银的成为地球，金的成为天空。山脉由外膜形成，云和雾由内膜形成，河流由静脉形成，海洋来自内部的流体，太阳

从蛋中孵化出来。因此，蛋代表了四种元素——“蛋壳——土，蛋白——水，蛋黄——火，蛋壳的钝端——空气”。

07 复活节彩蛋

西方国家特别是欧洲中部的国家有装饰复活节彩蛋的传统，图案中的每个点和每条线都有一个特殊意义。

12世纪时，人们在复活节节庆中加入鸡蛋，并把鸡蛋涂成红色，或者绘上彩色的图案，这样的鸡蛋一般称之为“复活节彩蛋”，用来象征“耶稣复活，走出石墓”。许多西方儿童会在复活节当天玩一种叫做找彩蛋的游戏，而彩蛋里面事先会藏一些小礼物，找到彩蛋的儿童会很兴奋，因为彩蛋代表惊喜与另藏玄机，也是复活节最典型的象征。

每年复活节的星期一，美国白宫一般都会举行复活节滚鸡蛋活动。复活节滚鸡蛋活动是白宫历史最悠久的传统之一。这项活动开始于1878年，先是在国会山的草坪上举行，后来转移到白宫。活动的门票免费派发，头一天，数千美国人会在白宫南门外的大草坪排起长队等候派发门票。历届美国总统都会在复活节的星期一欢迎小朋友到白宫。小朋友们用长勺子，在草坪上滚动鸡蛋，现场气氛热烈。在复活节滚鸡蛋的日子，白宫南草坪变成了一个巨大的游乐场。

08 蛋彩画

蛋彩画是一种古老的绘画技法，是用蛋黄或蛋清调和颜料绘成的画，多绘制在表面敷有石膏的画板上。盛行于14至16世纪欧洲文艺复兴时期，是画家重要的绘画技巧。到16世纪后，逐渐被油画取代。

蛋彩运用在壁画上称为湿壁画，有不易剥落、不易龟裂、色彩鲜明且保持长久的特点。

蛋彩的调配和绘制程序复杂，配方很多。不同配方、使用方法和表现效果亦各有特色。蛋彩多为透明颜料，制作时须由浅及深，先明后暗。石膏底子吸水性强，通常多以小笔点染。

清逸、透明、细腻、典雅，却又不失油画的豪气与辉煌，人们惊叹于古老沧桑的蛋彩画。目前，有新生代画家承前启后发展蛋彩，赋予古老画种新的生命。

09 鸡蛋的力量强大无比

鸡蛋看起来小而脆弱，但它的力量却超出人的想象：手握住一枚鸡蛋使劲地捏，鸡蛋却不易碎，这是为什么？因为鸡蛋具有几乎完美的椭圆几何外形，类似于三维拱形，这是最坚固的建筑形式之一，这个形状赋予了蛋强大的抗压力量，使它的拱形表面能够承受巨大的压力而不裂开。

目前，蛋形已被描述为世界上最好的建筑包装设计形式之一。据此，建筑师提出了仿生建筑领域有名的薄壳结构。据说颐和园西堤的玉带桥就是按照这个原理设计的。目前，巨蛋建筑风靡全球。比如由法国建筑师保罗·安德鲁主持设计的椭圆形的中国国家大剧院，被誉为“天外来客”“湖中明珠”，其设计灵感和形式很可能来自“世界万物起源于一枚漂浮在水上的蛋”的创世神话。还有日本东京巨蛋体育馆，英国格林威治千禧巨蛋，中国台北小巨蛋体育馆，印度孟买 The Cybertecture Egg，等等。

不仅如此，鸡蛋还是一种很好的原材料。鸡蛋清是一种强凝性水溶性蛋白质，是一种天然的黏合剂。在发明水泥之前，鸡蛋往往被用作一种建筑材料。在古代，印度人在玛玛拉普兰遗迹的灰泥中添加了鸡蛋，使墙壁能够透气和透水。据记载，1780年，菲律宾马尼拉大教堂的穹顶用石灰、砖粉、鸭蛋和竹汁的混合物封顶。据当地向导介绍，在建设福建土楼过程中，就往土、石、砂混合物中添加蛋清、糯米、红糖等，以增加土质的坚韧性。

10 关于母鸡和鸡蛋的名人名言鉴赏

——老舍在《母鸡》这篇脍炙人口的佳作中写到：

我一向讨厌母鸡，不知怎样受了一点惊吓，听吧，它由前院咕咕到后院，又由后院咕咕到前院，没完没了，并且没有什么理由。有的时候，它不这样乱叫，可是细声细气的，有什

么心事似的，颤颤巍巍的，顺着墙根，或沿着田坝，那么扯长了声如泣如诉，使人心中立刻结起了个小疙瘩来。

——钱钟书在《围城》中这样写到：

假如你吃了一个鸡蛋，觉得味道不错，又何必认识那个下蛋的母鸡呢？

——诺贝尔文学奖获得者莫言是个最喜欢把自己和鸡蛋扯上关系的作家。有记者问莫言怎样看待小说家与评论家的关系，莫言如此回答：

我想，小说家就是一些这样那样的母鸡，小说就是这些母鸡下出来的蛋。母亲一开始并不知道自己将要下什么蛋，蛋下出来了才知道是软皮蛋还是双黄蛋。鸡蛋评论家对鸡蛋这样那样的分析研究，甚至进一步研究母鸡，研究母鸡的饮食构成，研究鸡舍的光线温度，然后总结出一个软皮蛋运动，或者双黄蛋思潮，这一切和母鸡没有什么关系。

——塞万提斯：

聪明人不会把所有的鸡蛋都装在一个篮子里。

11 好玩的鸡蛋

在Instagram（社交应用）中有一个名为the eggs ihibit的帐号，帐号的主人是一位来自墨西哥的医科学生米歇尔·巴尔迪尼（Michele Baldini），她的所有帖子都用一只黑色的煎锅作为画布，而颜料只有一个，那就是——鸡蛋。

虽说以早餐为主题的创意并不新鲜，但巴尔迪尼以鸡蛋为原料的料理方法既有趣又独一无二，因为它完全依赖鸡蛋作为艺术材料。

现在她拥有众多粉丝，成功地让自己从一个普通医学院学生，变成了食品艺术家，而她的巧妙创意让每一个关注她的人都会心一笑，白色与黄色原来也是如此千变万化。而问起她的初心，她表示只是因为看起来很酷，想要试一试。

早餐和梵高

《星空》是梵高最受欢迎的画作之一，也是Instagram的美食艺术家们的一大灵感来源。巴尔迪尼把蛋黄覆盖在煎熟的蛋白上，展现了那些生动的、标志性的旋涡。

纽约城市

这位鸡蛋艺术家用一种特殊的艺术处理方式，将纽约的天际线与自由女神像上的蛋黄色火焰融为一体。

附 录

01. 中国居民平衡膳食宝塔

中国营养学会
Chinese Nutrition Society

盐 <6克
油 25~35克

奶及奶制品 300克
大豆及坚果类 25~35克

畜禽肉 40~75克
水产品 40~75克
蛋类 40~50克

蔬菜类 300~500克
水果类 200~350克

谷薯类 250~400克
全谷物和杂豆 50~150克
薯类 50~100克

水 1500~1700毫升

每天活动6000步

中国好营养微信公众号

中国营养学会官网

http://www.cnsoc.org

02. 中国居民平衡膳食餐盘（2016）

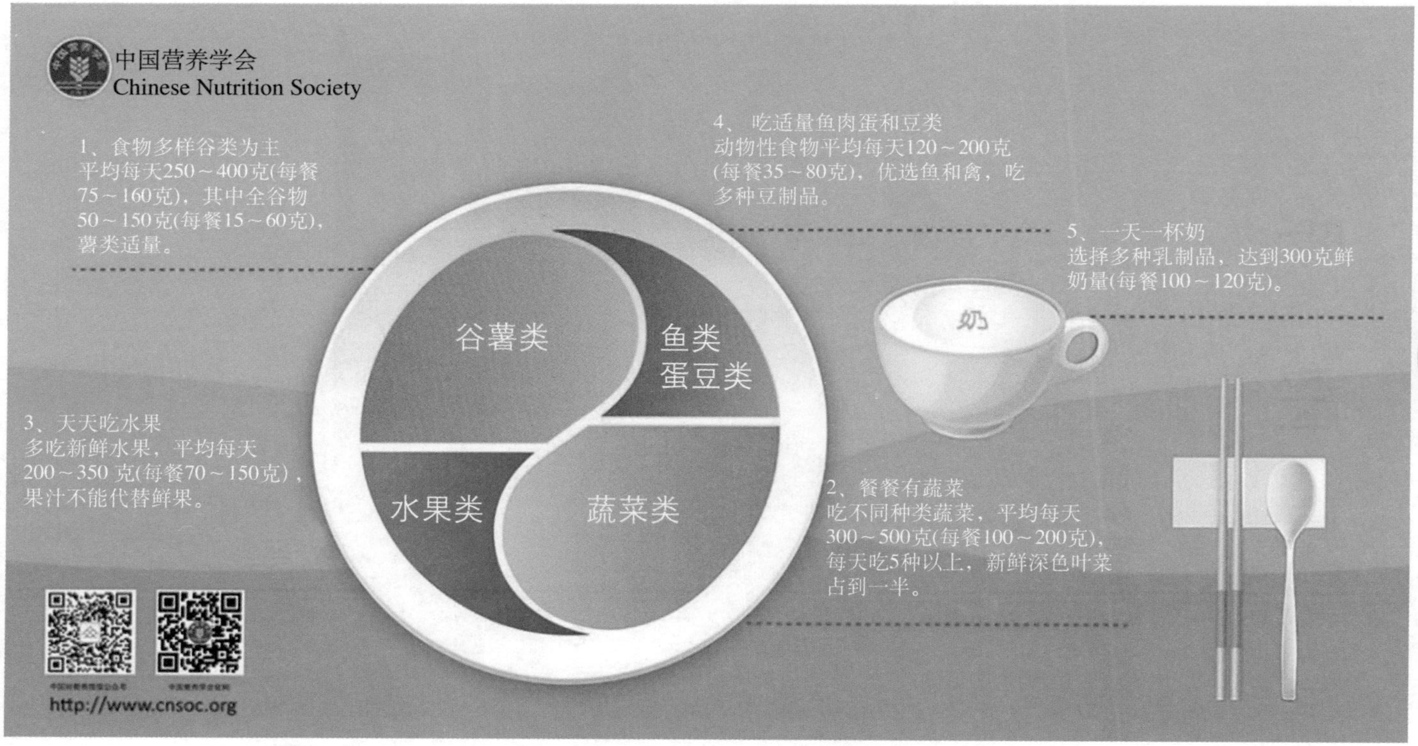

中国营养学会
Chinese Nutrition Society

1、食物多样谷类为主
平均每天250～400克(每餐75～160克)，其中全谷物50～150克(每餐15～60克)，薯类适量。

2、餐餐有蔬菜
吃不同种类蔬菜，平均每天300～500克(每餐100～200克)，每天吃5种以上，新鲜深色叶菜占到一半。

3、天天吃水果
多吃新鲜水果，平均每天200～350 克(每餐70～150克)，果汁不能代替鲜果。

4、吃适量鱼肉蛋和豆类
动物性食物平均每天120～200克(每餐35～80克)，优选鱼和禽，吃多种豆制品。

5、一天一杯奶
选择多种乳制品，达到300克鲜奶量(每餐100～120克)。

谷薯类
鱼类
蛋豆类
水果类
蔬菜类
奶

http://www.cnsoc.org

03. 新冠肺炎疫情期间老年人群营养健康指导建议

老年人免疫功能弱，容易受到传染病的侵害。较长时间的居家生活极大影响本就脆弱的老年群体身心健康。合理膳食是维护老年人免疫功能的有效手段，然而老年人身体功能衰退、咀嚼和消化功能下降，同时多患有慢性疾病，对膳食营养有更多且特殊的需求。因此，针对老年人群提出以下营养健康指导建议：

一、拓展食物供应，丰富食物来源

在严格遵守防疫要求的前提下，积极疏通、拓展食物供应渠道，丰富食物来源。在目前米/面、蛋类和肉类食物供给得到较好保障的基础上，努力增加鲜活水产品、奶类、大豆类、新鲜蔬菜水果、粗杂粮和薯类的供应。

二、坚持食物多样，保持均衡膳食

力争每天食用的食物种类在12种以上，每周在25种以上。多吃新鲜蔬果，每天至少300克蔬菜，200克水果，且深色蔬菜占到一半以上。增加水产品的摄入，做到每周至少食用3次水产品，每周摄入5 ~ 7个鸡蛋，平均每天摄入的鱼、禽、蛋、瘦肉总量120 ~ 200克。增加食用奶和大豆类食物，每天摄入300克液体奶或相当量的奶制品，乳糖不耐受者可选酸奶或低乳糖奶产品，避免空腹喝奶，少量多饮，或与其他谷物搭配同食；大豆制品每天达到25克；适量吃坚果。

三、保持清淡饮食，主动足量饮水

多采用蒸、煮、炖的方式烹调。少吃、不吃烟熏、腌制、油炸类食品。少盐控油，每人每天烹调用油不超过30克，食盐不超过5克。保证每天7 ~ 8杯水（1500 ~ 1700毫升），不推荐饮酒。

四、保持健康体重，重视慢病管理

争取做到每周称一次体重，避免长时间久坐，每小时起身活动一次。尽可能利用家中条件进行太极拳、八段锦等适宜的身体活动；鼓励在做好防护的前提下进行阳光下的户外活动，每周中等强度身体活动150分钟以上。每三个月监测一次血糖、血脂、血压等慢病危险因素，提高慢病自我管理能力。

五、提倡分餐饮食，鼓励智慧选择

提倡分餐制，多使用公筷、公勺。学会阅读食品标签，选择安全、营养的食品。

04. 新冠肺炎疫情期间儿童青少年营养指导建议

儿童青少年正处在生长发育和行为形成的关键期，长时间居家生活会对他们的身心健康产生一定影响。为保证新冠肺炎疫情期间儿童青少年营养均衡和身体健康，现提出以下营养健康指导建议：

一、保证食物多样

疫情期间应保证食物品种多样，建议平均每天摄入食物12种以上，每周25种以上。做到餐餐有米饭、馒头、面条等主食，经常搭配全谷物、杂粮杂豆和薯类。保证鱼、禽、瘦肉和蛋摄入充足且不过量。优选水产品和禽肉，其次是瘦畜肉。餐餐要有蔬菜，保证每天摄入300 ~ 500克蔬菜，其中深色蔬菜应占一半。每天吃半斤左右的新鲜水果，喝300克牛奶或吃相当量的奶制品。经常吃大豆及豆制品和菌藻类食物。

二、合理安排三餐

要保证三餐规律，定时定量，不节食，不暴饮暴食。要每天吃早餐，早餐应包括谷薯类、肉蛋类、奶豆类、果蔬类中的三类及以上。午餐要吃饱吃好，晚餐要清淡一些。早餐、午餐、晚餐提供能量应占全天总能量的25% ~ 30%、30% ~ 40%、30% ~ 35%。

三、选择健康零食

可以选择健康零食作为正餐的补充，如奶和奶制品、水果、坚果和能生吃的新鲜蔬菜，少吃辣条、甜点、含糖饮料、薯片、油炸食品等高盐、高糖、高油的零食。吃零食的次数要少，食用量要小，不能在正餐之前吃零食，不要边看电视边吃零食。

四、每天足量饮水

应每天足量饮水，首选白开水。建议7 ~ 10岁儿童每天饮用1000毫升，11 ~ 13岁儿童每天饮用1100 ~ 1300毫升，14 ~ 17岁青少年每天饮用1200 ~ 1400毫升。饮水应少量多次，不要等到口渴再喝，更不能用饮料代替水。

五、积极身体活动

居家期间应利用有限条件，积极开展身体活动，如进行家务劳动、广播操、拉伸运动、仰卧起坐、俯卧撑、高抬腿等项目，保证每天中高强度活动时间达到60分钟。如允许在室外活动，可进行快步走、慢跑、球类运动、跳绳等中高强度的身体活动。避免长时间久坐，每坐1小时站起来动一动，减少上网课以外的看电视、使用电脑、手机或平板的屏幕时间。保证每天睡眠充足，达到8 ~ 10小时。

大、保持健康体重

儿童青少年应关注自己的体重，定期测量自己的身高、体重，学会计算体质指数（BMI，BMI=体重（单位为千克）/身高（米）的平方、使用《学龄儿童青少年营养不良筛查》（WS/T456—2014）和《学生健康检查技术规范》（GB/T26343—2010）自评体重情况。如一段时间内体重情况出现变化，如由正常变为超重，应随时调整“吃”“动”，通过合理饮食和积极运动，保持健康的体重增长，预防营养不良和超重肥胖。

来源：国家卫生健康委网站

图书在版编目（CIP）数据

明明白白放心蛋：从养殖场到餐桌全链条/全国畜牧总站编．—北京：中国农业出版社，2021.9（2022.11重印）

ISBN 978-7-109-27943-8

Ⅰ．①明…　Ⅱ．①全…　Ⅲ．①鸡蛋-普及读物　Ⅳ．①S879.3-49

中国版本图书馆CIP数据核字（2021）第027828号

明明白白放心蛋：从养殖场到餐桌全链条

MINGMING BAIBAI FANGXINDAN:
CONG YANGZHICHANG DAO CANZHUO QUANLIANTIAO

中国农业出版社出版

地址：北京市朝阳区麦子店街18号楼

邮编：100125

责任编辑：郑　君　　文字编辑：司雪飞

版式设计：王　晨　　责任校对：吴丽婷

印刷：北京缤索印刷有限公司

版次：2021年9月第1版

印次：2022年11月北京第3次印刷

发行：新华书店北京发行所

开本：880mm × 1230mm　1/16

印张：5.25

字数：150千字

定价：29.80元
